AKADEMIE DER WISSENSCHAFTEN DER DDR

Veröffentlichungen des Forschungsbereichs Geo- und Kosmoswissenschaften

Herausgegeben von H.-J. Treder

HEFT 5

Entwicklungsphasen der Erforschung der Leuchtenden Nachtwolken

(Eine Darstellung unter besonderer Berücksichtigung der Beiträge der Berliner Sternwarte der Akademie der Wissenschaften)

von

W. Schröder

AKADEMIE-VERLAG BERLIN
1975

Erschienen im Akademie-Verlag, 108 Berlin, Leipziger Straße 3—4

Lizenznummer: 202 · 100/455/75
Gesamtherstellung: VEB Druckhaus „Maxim Gorki", 74 Altenburg
Bestellnummer: 761 911 8 (2156/5) · LSV 1435, 1495
Printed in GDR
EVP 12,— M

VORWORT DES HERAUSGEBERS

Die Erforschung der „Leuchtenden Nachtwolken", ihre Geschichte und ihr heutiger Stand, der die folgende Monographie gewidmet ist, gehört zu den Pioniergebieten der Physik der hohen Atmosphäre und ihrer Beziehungen zur Physik des interplanetaren kosmischen Raumes. Als vor über 90 Jahren an der damaligen Berliner Sternwarte (dem heutigen Institutsteil Sternwarte Babelsberg des Zentralinstituts für Astrophysik der AdW der DDR) mit der systematischen Erforschung des Phänomens der „Leuchtenden Nachtwolken" begonnen wurde, waren diese Untersuchungen der erste Weg, Aussagen über die dynamischen und thermodynamischen Verhältnisse in der Hochatmosphäre zu erhalten. Man kann sagen, daß mit der Erforschung der „Leuchtenden Nachtwolken" die Aerologie begann. Hierbei wurden bereits Fragestellungen, Methoden sowie großräumige und langzeitige Forschungsprogramme erwogen und in Vorschlag gebracht, die heute wesentliche Teile der internationalen Kooperation auf dem Gebiet der kosmisch-physikalischen Forschung ausmachen. Damit ist die Geschichte der „Leuchtenden Nachtwolken" paradigmatisch für die Geschichte der kosmisch-physikalischen Forschung.

Die ersten Jahrfünfte dieser Forschungen sind aufs engste mit der Tätigkeit der Berliner Sternwarte verbunden. Sowohl die Einzelforschungen als auch die Ansätze für eine längerfristige Forschungs-Kooperation zwischen verschiedenen Institutionen wurden von der Sternwarte, ihrem Direktor Prof. Dr. *Wilhelm Foerster* (1832–1921; Direktor der Sternwarte von 1865 bis 1904) und besonders durch den Astronomen an der Sternwarte, *Otto Jesse*, getragen. *Foerster* und *Jesse* dankt man auch die ersten Monographien über die „Leuchtenden Nachtwolken" mit Versuchen zu ihrer physikalischen Deutung und die sich hieraus ergebende Formulierung der Fragestellungen über die Beziehungen von Dynamik und Physiko-Chemie der Hochatmosphäre zum interplanetaren kosmischen Raum. An diesen Arbeiten waren zeitweilig auch andere Mitarbeiter der Sternwarte beteiligt, wie der spätere Gründer und Leiter der Treptower Sternwarte, F. S. *Archenhold*.

Auch in späteren Jahrzehnten sind von Einrichtungen, die jetzt Teile des Zentralinstituts für Astrophysik der AdW bilden, bemerkenswerte Beiträge zur Physik der „Leuchtenden Nachtwolken" geleistet worden; vor allem sei hier auf die Untersuchungen des späteren Akademiemitgliedes *Cuno Hoffmei-*

ster am Observatorium Sonneberg (das damals Teil der von Akademiemitglied Prof. Dr. *Paul Guthnick* geleiteten Sternwarte Berlin-Babelsberg war und heute zum Zentralinstitut für Astrophysik gehört) über den Einfluß der Ströme von Mikro-Meteoriten auf die höheren Atmosphärenschichten hingewiesen. – Die heutigen physikalischen Deutungen der Phänomene der „Leuchtenden Nachtwolken“ werden durch die außerordentlichen Fortschritte der Aerologie geprägt, die vor allem auch der extraterrestrischen Forschung und der solar-terrestrischen Physik zu verdanken sind. Wichtige Beiträge hierzu waren Arbeiten des Zentralinstituts für solar-terrestrische Physik (Heinrich-Hertz-Institut) der AdW der DDR. So ist eine Geschichte der Erforschung der „Leuchtenden Nachtwolken“ auch ein Beitrag zur 275jährigen Geschichte der Berliner Akademie und ihrer Sternwarte.

Hans-Jürgen Treder
Direktor des Zentralinstituts für Astrophysik
Ordentliches Mitglied der AdW d. DDR

INHALT

VORBEMERKUNG

In der internationalen Literatur zum Problemkreis der Hochatmosphäre, insbesondere der Leuchtenden Nachtwolken, werden die Arbeiten von *Otto Jesse*, die er im Rahmen eines Forschungsprogramms an der Berliner Sternwarte durchführte, sehr häufig zitiert.

Für die Geschichte der Wissenschaft, wie sie beispielsweise in der Interdivisional Commission on History in der Internationalen Assoziation für Erdmagnetismus und Aeronomie (IAGA) gepflegt wird, besteht ein besonderes Bedürfnis an Darstellungen der Spezialgebiete der geophysikalischen Wissenschaften. Deshalb wird nachfolgend versucht, einen Überblick über das Leben und Wirken von *Jesse* sowie über das Forschungsprogramm der Berliner Sternwarte zur Physik der Hochatmosphäre, speziell der Leuchtenden Nachtwolken, zu geben. Die Darstellung geht dabei von den Arbeiten von *Jesse* und *Foerster* sowie anderer Mitarbeiter der Berliner Sternwarte aus, wobei auch bisher unveröffentlichte Briefe von *Jesse* herangezogen werden, und versucht ferner, die Entwicklungslinien der internationalen Erforschung der Leuchtenden Nachtwolken, die ihren Ursprung im Programm der Berliner Sternwarte hat, bis in die Gegenwart aufzuzeigen.

Es sei mir gestattet, auch an dieser Stelle Herrn Prof. Dr. *H.-J. Treder* für seine freundliche Hilfe meinen herzlichst empfundenen Dank auszudrücken.

1. TEIL: ZUR VORGESCHICHTE DER ERFORSCHUNG DER HOCHATMOSPHÄRE

1.1. Erste Ansätze der Erforschung der Hochatmosphäre vor 1885

Wenn das Jahr 1883 insoweit einen besonderen Platz hinsichtlich der Entwicklung der Erforschung der Hochatmosphäre einnimmt, so liegt dies an einem geophysikalisch herausragenden Naturereignis – dem Krakatau-Ausbruch in der Sunda-Straße, in dessen Folgezeit überall auf der Erde anomale, außerordentlich farbenprächtige Dämmerungserscheinungen gesehen wurden.

Indessen liegen auch aus früheren Dezennien, also vor 1885, vielfältige Beschreibungen analoger Naturereignisse vor. Diese Berichte betreffen das vielfältige Erscheinungsbild der Natur, sei es, daß vom Auftreten von Sonnen- und Mondhalos, von Polarlichtern oder von besonders auffälligen Dämmerungserscheinungen berichtet wird. Viele dieser Berichte hat beispielsweise *A. v. Humboldt* in seinem „Kosmos“ referiert; andere bemerkenswerte Naturereignisse konnten sehr ausführlich *J. Kießling* (1885, 1888) sowie *G. Hellmann* (1922)[1] zusammentragen und in ausführlichen Katalogen erfassen.

Insgesamt muß jedoch gesagt werden, daß vor 1885 zumindest keine systematische Erforschung der Hochatmosphäre betrieben wurde. Was erfaßt wurde, waren eben besonders auffallende, von der täglichen Norm abweichende Ereignisse.

Allerdings nimmt bei den Himmelserscheinungen das Polarlicht eine besondere Stellung ein. So gehen die ersten Beobachtungen und Überlegungen hinsichtlich der Natur dieser Erscheinung bis in das 15. und 16. Jahrhundert zurück, soweit man davon spricht, daß weitergehende konkrete Betrachtungen angestellt worden sind. Bekannt sind Erscheinungen des Polarlichtes auch auf Grund antiker Berichte (*Fritz*, 1881)[2]). Überlegungen zur Höhe dieser Erscheinung gehen auf *Wolf* (1716), *Mairan* (1764) sowie *Silberschlag* (1780) zurück, bis schließlich weitergehende Überlegungen insbesondere zur Höhenbestimmung wiederum auch von *Jesse* (1883, 1884 a) erfolgten (vgl. hierzu auch *Dandekar*, 1974; *Schröder*, 1974 a, 1974 b).

Faßt man diese wenigen Gedanken zusammen, so ergibt sich zweierlei:

[1] *G. Hellmann*, Die Entwicklung unserer Kenntnisse vom Nordlicht. Veröff. Preuß. Meteorol. Inst. Nr. 315, Berlin 1922.

[2] Angaben hierzu finden sich im „Verzeichnis beobachteter Polarlichter“ (Wien, 1873) sowie in der Monographie „Das Polarlicht“ (Leipzig 1881).

einmal, daß im Verlaufe der Jahrhunderte auffallende Himmelserscheinungen in den verschiedenen Chroniken, Beobachtungsbüchern oder auch auf Flugschriften überliefert wurden; indessen handelt es sich hierbei – von sehr wenigen Ausnahmen abgesehen – um sporadische Unternehmungen; zum anderen ergibt sich, daß das geophysikalisch herausragende Naturereignis, wie wir es im Krakatau-Ausbruch finden, ein entscheidender Anstoß zu einer internationalen Forschungskampagne war. Hierbei ist noch zu beachten, daß etwa parallel dazu die Unternehmungen des Polarjahres 1882/83 mit den Programmen zum Polarlicht liefen (*Fritz*, 1881).

Überträgt man diese Überlegungen auf die Leuchtenden Nachtwolken, so wird auch leicht verständlich, weshalb sie erst so spät – nämlich 1885 – in dieser konkreten Bezeichnung in der wissenschaftlichen Literatur auftauchen. Zweifellos sind diese Leuchtenden Nachtwolken bereits früher aufgetreten; indessen, so müssen wir heute vermuten, sind sie unter anderen Bezeichnungen, sei es als Polarlicht, als langdauernder Meteorschweif oder nur als nächtliches Gewölk am Nordhimmel, vermerkt worden. Vom Standpunkt der Phänomenologie her gesehen ist es recht leicht möglich, Leuchtende Nachtwolken mit anderen Erscheinungen des nächtlichen Himmels zu verwechseln.

Von einer systematischen Erforschung der Hochatmosphäre läßt sich somit vor 1885 nicht sprechen; lediglich das durch sein Formen- und Farbenspiel so auffällige Polarlicht hat in früheren Dezennien die Aufmerksamkeit der Forscher gefunden.

Insgesamt gesehen, können wir beim jetzigen Quellenstand zu einer Geschichte der Kosmischen Physik[3] im Ergebnis die Jahre 1883/85 als Ausgangspunkt weltweiter Studien, die wiederum, soweit sie die Hochatmosphäre betreffen, ihren Ausgang in Berlin hatten, ansetzen (vgl. auch *Bronšten*, 1970; *Schröder*, 1974 b; *Silverman* 1970).

1.2. Der Krakatau-Ausbruch und die weltweiten anomalen Dämmerungserscheinungen

Der Ausbruch des Krakatau in der Sunda-Straße im Jahre 1883 bildet eines der bedeutenden geophysikalischen Ereignisse. Wenngleich auf die vielseitigen Studien dieses Ereignisses nicht an dieser Stelle eingegangen werden soll, so spielt doch das Jahr 1883 insoweit eine besondere Rolle, weil nach dem Aus-

[3] *G. Hellmann* (1854–1939), der auf dem Gebiete der Geschichte der Meteorologie grundlegende Arbeiten geleistet hat, macht in einer Rezension des Buches von *S. A. Arrhenius:* „Lehrbuch der kosmischen Physik“ (Leipzig 1903) darauf aufmerksam, daß seit dem Erscheinen des Kosmos von *A. v. Humboldt* „unter dem Namen ‚kosmische Physik‘ alle Anwendungen physikalischer Gesetze auf Probleme der Himmels- und der Erdkunde zu einem geschlossenen Ganzen, zu einem System, zusammenzufassen“ verstanden werden (Meteorol. Z. **20** (1903) S. 527).

bruch überall auf der Erde bemerkenswerte anomale Dämmerungserscheinungen beobachtet wurden. Es war sicher auch gerade das durch diese Erscheinungen ausgelöste allgemeine Interesse der Beobachter, daß endlich 1885 auch die Leuchtenden Nachtwolken aufgefunden wurden.

Nachstehend seien einige Angaben zu diesen vielfältigen Dämmerungserscheinungen gemacht, weil sie auch bei der Einordnung bzw. dem Beginn der Berliner Untersuchungen über die Hochatmosphäre zumindest als auslösender Faktor zu beachten sind. Dabei folgen wir im wesentlichen den Darstellungen von *Kießling*[4], der sich in zwei umfassenden Arbeiten mit diesen Erscheinungen befaßt hat (1885; 1888). Folgt man *Kießling*, so läßt sich der Verlauf der Erscheinungen in vier Phasen auffassen. In der unmittelbaren Zeit nach dem Krakatau-Ausbruch waren die ausgeworfenen Teilchen um die gesamte Erde, und zwar innerhalb der Wendekreise, verbreitet. Hierbei wurden bereits an verschiedenen Orten der Erde Verfärbungen der Sonne beobachtet, so z. B. am 31. 8. 1883 in Brasilien. In der zweiten Phase der optischen Störungen der Atmosphäre lassen sich weitergehende Verlagerungen der vulkanischen Teilchen aufzeigen, wobei z. B. in größeren Gebieten des Indischen Ozeans sowie in nordafrikanischen Regionen bemerkenswerte Dämmerungserscheinungen festgestellt wurden. Etwa ab November läßt sich eine Verstärkung der optischen Störungen aufzeigen, wobei bereits zum 28. November in Berlin auffallende Dämmerungserscheinungen gesehen wurden. In dieser sowie der unmittelbar nachfolgenden Zeit berichten Beobachter vieler Orte von auffallenden Dämmerungsphänomenen, so daß konstatiert werden kann, daß etwa bis zum Jahresende 1883 im Ergebnis die gesamte Erde von anomalen Dämmerungserscheinungen betroffen war. Die anschließende, vierte Phase bringt ein allmähliches Abklingen der Phänomene, wobei jedoch nach damaliger Auffassung zumindest im Auftreten der Leuchtenden Nachtwolken eine Fortsetzung der atmosphärischen Störungen gesehen wurde (vgl. *Wagner*, 1889)[5].

Die vorstehenden vielfältigen Phänomene haben den Arbeiten auf dem Gebiete der atmosphärischen Optik nachhaltige Anregungen vermittelt; zugleich führen sie unmittelbar über auf die beginnende Erforschung der Leuchtenden Nachtwolken, die ab 1885 in Mitteleuropa gesehen wurden.

[4] *Karl Johannes Kießling* (1839—1905) wirkte als Gymnasialprofessor; die Universität Greifswald verlieh ihm den Dr. h. c. — Eine Darstellung zum Wirken und Leben von *Kießling* wird der Verf. demnächst vorlegen.

[5] *E. Wagner*, Die ungewöhnlichen atmosphärischen Erscheinungen nach dem Ausbruche des Krakatau. Himmel u. Erde **1** (1889) 402—412 u. 463—470.

2. TEIL: DIE BERLINER ARBEITEN ZUR ERFORSCHUNG DER HOCHATMOSPHÄRE UND DER LEUCHTENDEN NACHTWOLKEN

2.1. Das Forschungsprogramm der Berliner Sternwarte in den Jahren 1885–1901

Der Krakatau-Ausbruch sowie die damit einhergehenden, weltweiten anomalen Dämmerungserscheinungen hatten auch das Interesse der Astronomen gefunden. Deshalb lassen sich auch beispielsweise viele Beobachtungsnotizen in astronomischen Zeitschriften der damaligen Zeit aufzeigen.

Als besonders bemerkenswert muß indessen vermerkt werden, daß es ein astronomisches Institut – die Berliner Sternwarte – gewesen ist, von der aus die entscheidenden Impulse zur systematischen Erforschung der Hochatmosphäre ausgingen.

Bei einer systematischen Darstellung der Entwicklung des Berliner Forschungsprogramms, an der vom Standpunkt einer Geschichte der Meteorologie und Geophysik ein außerordentliches Interesse besteht, ist es notwendig, zunächst auf die *Jesse*schen Studien im Zusammenhang mit den Dämmerungserscheinungen des Jahres 1883/1884 einzugehen. *Jesse* hatte sich in seiner Darstellung (1884) besonders mit der Frage der Beziehungen zwischen der vulkanischen Eruption 1883 und den erwähnten Dämmerungserscheinungen beschäftigt. Daß *Jesse* zu jener Zeit auch in anderen Publikationen wiederholt seine Dämmerungsbeobachtungen publiziert hat, ergibt sich auch aus den Hinweisen bei *Kießling* (1888). (An der erwähnten Arbeit von *Jesse* aus dem Jahre 1884 ist besonders interessant, daß er hierbei bereits auf die Gedanken eines „widerstehenden Mittels" eingeht; wir werden hierauf noch zurückkommen.) Insgesamt kann somit festgehalten werden, daß sich *Jesse* seit 1883/1884 mit der Beobachtung des Dämmerungshimmels befaßt hat, also bereits frühzeitig enge Beziehungen seiner Forschungstätigkeit zur Physik der Hochatmosphäre angezeigt sind.

Die ersten Hinweise auf die Leuchtenden Nachtwolken finden sich in den Veröffentlichungen von *Jesse* aus dem Jahre 1885. Mehrfach verwies *Jesse* darauf, daß er die Leuchtenden Nachtwolken ab 23. Juni 1885 sehen konnte; indessen liegen für das Jahr 1885 bereits frühere Aufzeichnungen vor.[6] Es ist indessen das Verdienst von *Jesse* gewesen, daß er bereits frühzeitig – noch 1885 – ein Rundschreiben an die damals bekannteren Institute verschickte,

[6] Zum Beispiel von *T. W. Backhouse*, Meteorol. Mag. **20** (1885) 133; vgl. hierzu auch *Paton* (1964).

um die auf diese Weise erhaltenen Beobachtungen einer zusammenfassenden Betrachtung unterziehen zu können. Im Jahre 1886 legte *Jesse* sodann eine erste zusammenfassende Bearbeitung der bekanntgewordenen Daten vor (1886). Dieser Darstellung ist zu entnehmen, daß mehrere deutsche Berichte über die Leuchtenden Nachtwolken im Juni 1885 vorlagen. In Fortsetzung seiner Überlegungen über diese Wolken hat *Jesse* im Jahre 1887 ein recht umfassendes Beobachtungsprogramm vorgelegt, das im wesentlichen die folgenden Punkte enthielt:

1. Messungen zur Geschwindigkeit der Leuchtenden Nachtwolken,
2. Höhenbestimmungen,
3. spektroskopische und photometrische Messungen.

An diesem Programm sind insbesondere die folgenden *Jesse*schen Betrachtungen bemerkenswert (vgl. hierzu: WMO, 1970)[7]. Einmal hat *Jesse* bereits zu diesem Zeitpunkt konkrete Überlegungen dahingehend geäußert, daß die Beobachtung der Leuchtenden Nachtwolken möglichst von vielen Stationen überall auf der Erde erfolgen sollte. Sodann gibt er bereits Hinweise hinsichtlich der simultanen photographischen Überwachung von mehreren Stationen; *Jesse* sieht dabei gleichzeitige Aufnahmen im Intervall von zehn Minuten vor. Ferner erscheint besonders bemerkenswert, daß er Überlegungen hinsichtlich der Messung der Dicke der Nachtwolkenschicht vorträgt; wie aus vielen Arbeiten der Neuzeit hinlänglich bekannt (vgl. *Fiocco* und *Grams,* 1966), bietet gerade dieses Problem besondere Schwierigkeiten (vgl. auch *Witt*, 1962).

Als interessant sind schließlich auch die Gedanken von *Jesse* zu werten, wonach er Betrachtungen über den Nachweis der Leuchtenden Nachtwolken am Tage anstellt. Bekanntlich sind in der Neuzeit entsprechende Messungen mit Laser (vgl. *Fiocco,* 1966) durchgeführt worden; insgesamt also ein Problemkreis, der vielfältige Aspekte beinhaltet.

Im Rahmen seines Programms hat *Jesse* auch ausdrücklich die Verfolgung der Leuchtenden Nachtwolken in außereuropäischen Ländern vorgesehen, wobei er mit dem Auftreten dieser Erscheinung auf der Südhalbkugel während der Monate November bis Februar rechnete.

Dieses *Jesse*sche Programm ist in mehreren Zeitschriften, teilweise zusammen von *Jesse* und *Foerster* verfaßt, publiziert worden. Die Resonanz der *Jesse*schen Bemühungen war jedoch, das muß anhand der vorliegenden Unterlagen gesagt werden, sehr gering. Einzig und allein an der Berliner Sternwarte entwickelte sich das eben skizzierte Programm zu einer zentralen Forschungsaufgabe, wobei der damalige Direktor *Wilhelm Foerster* (1832—1921) entscheidend zum Gelingen beitrug.

Foerster hat über die Berliner Arbeiten einmal in dem jährlichen Bericht der Sternwarte, auf der 14. Generalversammlung der Astronomischen Gesell-

[7] WMO-No. 250. TP. 138 (1970).

schaft (1891) sowie in seinen Büchern (1906; 1911) und weiteren Zeitschriftenaufsätzen berichtet.

Bevor wir in detaillierter Form auf die Berliner Untersuchungen eingehen, sei deshalb der folgende Auszug von *Foerster* (1906) vorangestellt:

„Und in diesen Jahren ist es dann der Berliner Sternwarte gelungen, eine Reihe von photographischen Aufnahmen dieser Wolkengebilde an drei bis vier Stationen derartig zu organisieren, daß nicht nur der Ort und die Höhen dieser Wolken, sondern auch ihre Bewegungen durch Vergleiche der Darstellungen auf den photographischen Platten gemessen werden konnten." (S. 46).

Auf Veranlassung von *Foerster* führte *Jesse* gemeinsam mit *F. Stolze* am Abend des 6. Juli 1887 simultane photographische Aufnahmen der Leuchtenden Nachtwolken durch; diese Aufnahmen finden sich einmal in dem Übersichtsaufsatz von *Jesse* (1889); andererseits geht hierauf auch *Foerster* verschiedentlich ein (*Foerster*, 1906).

In den Folgejahren wurden von der Berliner Sternwarte sowie benachbarten Stationen fortlaufend photographische Vermessungen der Leuchtenden Nachtwolken ausgeführt.[8]

Über die Durchführung des photographischen Programms der Sternwarte geben die Jahresberichte von *Foerster* sowie ein kleines Büchlein von *Jesse* (1890) näheren Aufschluß.[9] Während die Auswertung der Beobachtungen der Sternwarte einerseits in Arbeiten von *Jesse* (1891, 1896) bzw. *Archenhold* (1928) erfolgte, wobei hierin insbesondere die Beobachtungen der Stationen Steglitz, Sternwarte der Urania Berlin, Nauen sowie Rathenow herangezogen wurden, hat sich *Jesse* mit seinem Büchlein (1890) einem breiteren Beobachterkreis – nämlich den Mitgliedern der seinerzeitigen „Vereinigung von Freunden der Astronomie und kosmischen Physik, VAP" – zugewandt.

Zugleich gibt jedoch dieses Büchlein weitergehende Einblicke in die *Jesse*schen Studien. Dabei weist *Jesse* darauf hin, daß Beobachtungen geplant waren in Steglitz, Berlin – Sternwarte der Urania –, Nauen, Rathenow sowie Braunschweig. Wie bereits erwähnt, sind später nur die Beobachtungspaare Steglitz, Urania/Berlin, Nauen und Rathenow zum Tragen gekommen.

Der Entwicklungsgang der Berliner Arbeiten wird besonders einprägsam, wenn wir jeweils die entsprechenden Ausführungen von *W. Foerster* aus dem Berichte der Sternwarte heranziehen:

So schreibt *W. Foerster* über die Arbeiten von *Jesse* für das Jahr 1889:

„Die Berliner Sternwarte hat sich im Jahre 1889 sowohl durch Geldmittel als auch in der Person ihres Mitarbeiters, Herrn O. Jesse, und des an der Sternwarte in die Astronomie eingeführten Cand. astr. Hoeffler an photographi-

[8] *Baschin* (1900), dem mit *Brendel* im Jahr 1892 die ersten Polarlichtaufnahmen gelangen, verweist darauf, daß dabei eine Kamera von *Jesse*, die dieser auch für die Nachtwolkenaufnahmen benutzte, Verwendung fand. (Objektiv/210 mm Brennweite und 60 mm Öffnung); Gesichtsfeld 30° · 30°.

[9] Der Güte von Herrn Prof. Dr. *Treder* verdanke ich die Kenntnis dieser wichtigen Arbeit von *Jesse*.

schen Aufnahmen der leuchtenden Wolken beteiligt, welche von Ende Mai bis Anfang August 1889 unter Leitung von Herrn O. Jesse in correspondierenden Zeitpunkten an 3 Stationen der Umgebung Berlin's, nämlich in Steglitz, Nauen und Rathenow ausgeführt worden sind. Hierbei geschahen die Aufnahmen in Steglitz durch Herrn Jesse, in Rathenow durch Herrn Hoeffler und in Nauen durch Herrn Uhrmacher Baeker... Die Entfernung zwischen Steglitz und Nauen beträgt 35, diejenige zwischen Steglitz und Rathenow 70 km, was sich sehr günstig für die Ortsbestimmung jener Wolken erwiesen hat.“ (Vjschr. Astron. Ges. **25** (1890) 102.)

Für das Jahr 1890 berichtet *W. Foerster* im Jahresbericht der Sternwarte:

„Von unserem Mitarbeiter Herrn O. Jesse und den im vorigen Jahresberichte genanten anderen Herren Mitarbeitern, zu denen sich jetzt auch Cand. astr. Herr Archenhold und Herr Heuer gesellt haben, sind auch im Frühjahr und Sommer 1890 in Steglitz, Nauen und Rathenow sowie auf der Sternwarte der Gesellschaft Urania zahlreiche photographische Aufnahmen der leuchtenden Wolken ausgeführt worden. Diese Aufnahmen scheinen nicht nur die früheren Ergebnisse, welche inzwischen im Sommer 1890 von Herrn Jesse in den Berichten der Akademie der Wissenschaften veröffentlicht worden sind, zu bestätigen, sondern auch einige neue Ausblicke in Bezug auf die Richtungen und Geschwindigkeiten der Bewegungen dieser Wolken zu eröffnen. Es tritt immer deutlicher hervor, dass die Bewegungen dieser, noch immer in einer Höhe von etwa 82 Kilometern verweilenden Wolken von großer Bedeutung für die Erkenntnis der Zustände in den höheren Atmosphärenschichten und der daselbst auf Theilchen von sehr großem Verhältnis der Oberfläche zur Masse wirkenden Kräfte sein werden.“ (Vjschr. Astron. Ges. **26** (1891) 88–89.)

Für das Jahr 1891 finden wir die folgenden Ausführungen von *W. Foerster* zur Forschungstätigkeit der Berliner Sternwarte:

„Von Seiten unseres Mitarbeiters Herrn O. Jesse sind auch im Frühjahr 1891 photographische Aufnahmen der leuchtenden Wolken ausgeführt worden. Hierbei ist er nicht nur von der Sternwarte, sondern auch von der hiesigen Akademie der Wissenschaften aufs Neue unterstützt worden. Aus diesen Aufnahmen geht hervor, dass die Wolken auch im Jahre 1891 etwa bis auf ein Kilometer dieselbe Höhenlage (82 bis 83 Kilometer) gehabt haben wie in den beiden vorangegangenen Jahren. Herr Jesse wird durch diese grosse Beständigkeit der Höhe zu der Vermutung veranlasst, dass vielleicht besondere physikalisch-chemische Bedingungen vorhanden sind, welche gerade in dieser Höhe solche Aggregatzustände der bezüglichen Massenteilchen hervorbringen, welche einer stärkeren Reflexion des Sonnenlichtes durch dieselben günstig sind.“ (Vjschr. Astron. Ges. **27** (1892) 85–86.)

Auch 1892 wurden auf der Berliner Sternwarte die Forschungen über die Leuchtenden Nachtwolken fortgesetzt, wozu *Foerster* ausführt:

„Von Seiten unseres Mitarbeiters Herrn O. Jesse sind die Untersuchungen über die bisherigen photographischen Aufnahmen der leuchtenden Wolken weiter geführt worden. Ausführliche Veröffentlichungen stehen demnächst bevor.

Die photographischen Aufnahmen der Wolken wurden im Sommer 1892 auf der zu Halensee bei Berlin errichteten temporären Beobachtungsstation von Herrn F. S. Archenhold, ..., unter Gewährung instrumenteller und sonstiger Beihülfe der Sternwarte fortgesetzt. Correspondierende Aufnahmen zur erneuten Höhenbestimmung der Wolken konnten aber im vorigen Sommer nicht ausgeführt werden, weil keine Geldmittel zur gleichzeitigen Besetzung anderer genügend entfernter Stationen hierfür verfügbar waren.“ (Vjschr. Astron. Ges. **28** (1893) 160.)

Zum Jahre 1893 berichtet *Foerster* über die Arbeiten der Berliner Sternwarte:

„Unser Mitarbeiter O. Jesse hat die Bearbeitung der sämmtlichen Aufnahmen der leuchtenden Wolken, sowohl die streng wissenschaftlichen Darlegungen, als auch eine umfassende Schilderung der sämmtlichen bisherigen Beobachtungen vollendet.

Was die Fortsetzung der photographischen Aufnahmen der leuchtenden Wolken betrifft, so hat Herr F. S. Archenhold auf einer nunmehr vollständiger eingerichteten Beobachtungsstation der Sternwarte in Grunewald auch im Jahre 1893 dieser Aufgabe ... seine Aufmerksamkeit gewidmet, und es ist ihm gelungen, auch im Sommer 1893 in einigen Nächten die leuchtenden Wolken zweifellos wieder zu erblicken. Die Umstände waren aber für die photographischen Aufnahmen sehr ungünstig, ausserdem war es auch in diesem Sommer nicht möglich gewesen, ein System correspondirender photographischer Aufnahmen an mindestens zwei geeignet zu einander gelegenen Stationen zu ermöglichen. Es ist indessen Hoffnung vorhanden, daß im Sommer 1894 nochmals mit unserer Station Grunewald als Mittelpunkt eine Campagne solcher correspondirender Aufnahmen durchgeführt werden wird.“ (Vjschr. Astron. Ges. **29** (1894) 101).

In der Tat konnten sodann 1894 weitergehende Studien durchgeführt werden, wie dem folgenden Jahresbericht von *Foerster* entnommen werden kann:

„Unser Mitarbeiter Herr O. Jesse in Steglitz hat seine theoretischen und rechnerischen Untersuchungen über die leuchtenden Wolken fortgesetzt.

Unsere photographisch-astronomische Station im Grunewald, ..., hat im letzten Sommer auch als Mittelpunkt für einen erneuten Versuch correspondirender photographischer Aufnahmen der leuchtenden Wolken gedient. Zu diesem Zwecke wurden zwei andere Stationen, eine auf dem Wasserthurm zu Frankfurt a. d. O. und eine zu Rathenow, mit der Grunewaldstation in der Nacht telefonisch verbunden. Auf der Grunewaldstation wurden die Arbeiten von Herrn S. Archenhold ausgeführt, in Frankfurt von Herrn Heuer, in Rathenow von Herrn Dr. Tetens. In mehreren Nächten des Juni und Juli, besonders des letzteren Monats, gelangten photographische Aufnahmen der leuchtenden Wolken, obwohl dieselben entschieden lichtschwächer geworden sind als früher. Leider wurden jedoch trotz aller Veranstaltungen infolge der grossen

Unsicherheit des Wetters keine vollständig correspondirenden Aufnahmen erlangt; doch wird die Auswertung der einzelnen Platten hoffentlich noch werthvolle Beiträge für Geschwindigkeitsbestimmungen und dergleichen liefern." (Vjschr. Astron. Ges. **30** (1895) 143–144.)

Für das Jahr 1895 lassen sich folgende Bemerkungen über die Nachtwolkenarbeiten aufzeigen:

„Unser Mitarbeiter Herr O. Jesse in Steglitz hat seine theoretischen und rechnerischen Untersuchungen über die leuchtenden Wolken fortgesetzt und neuerdings in den astronomischen Nachrichten eine zusammenfassende Bearbeitung aller Höhen-Bestimmungen der Wolken gegeben.

Auf der photographisch-astronomischen Station in Grunewald ist in derselben Weise wie früher mit photographischen Aufnahmen und experimentellen Untersuchungen weitergearbeitet worden. Von den leuchtenden Wolken sind im Sommer 1895 keine sicheren Spuren hier wahrgenommen worden. Die Station soll nunmehr aufgegeben werden." (Vjschr. Astron. Ges. **31** (1896) 108.)

Für das Jahr 1896, in dem *O. Jesse* inzwischen an das Astronomische Recheninstitut übergewechselt war, findet sich in dessen Jahresbericht der folgende Hinweis:

„Herr Jesse hat sich mit der Begründung der Hypothese eines widerstehenden Mittels aus den Beobachtungen der leuchtenden Nachtwolken beschäftigt..." (Vjschr. Astron. Ges. **32** (1897) 78 und 82.)

Über die von *Jesse* im Jahre 1897 ausgeführten Studien der Leuchtenden Nachtwolken findet sich im Jahresbericht des Recheninstituts der folgende Hinweis:

„Herr Jesse hat, außer seiner Mitarbeit am nautischen Jahrbuch, das Manuskript für die Abhandlung ‚Die leuchtenden Nachtwolken und das widerstehende Mittel im allgemeinen Raum' fertiggestellt und bei der Kgl. Akademie der Wissenschaften eingereicht. Daneben hat er Vorbereitungen für den Bau einer Warte in Steglitz zur Beobachtung der leuchtenden Nachtwolken getroffen." (Vjschr. Astron. Ges. **33** (1898) 115.)

Hinsichtlich der Arbeiten im Jahre 1898 wird im Jahresbericht des Recheninstituts festgehalten:

„... und O. Jesse waren durch länger dauernde Krankheit in ihrer Arbeitsleistung sehr beschränkt...

Herr Jesse hat ausser Mitwirkung bei der Herausgabe des Nautischen Jahrbuches sich mit Arbeiten über die Abhängigkeit des täglichen Barometersganges von der wahren Tageszeit zur Ermittlung des Einflusses des widerstehenden Mittels auf den Luftdruck beschäftigt." (Vjschr. Astron. Ges. **34** (1899) 96 und 98.)

Hinsichtlich des Jahres 1899 wird im Jahresbericht nur festgehalten, daß *Jesse* mit Wirkung vom 1. Juli „seines angegriffenen Gesundheitszustandes halber aus dem Institut (ausschied)..." (Vjschr. Astron. Ges. **35** (1900) 94–95.)

Für das Jahr 1901 wird *Jesse* nochmals im Jahresbericht erwähnt; in diesem Jahre verstarb er am 1. April.

Die vorstehend aufgezeigten Entwicklungsphasen des heute international anerkannten Forschungsprogramms werden noch deutlicher, wenn wir uns kurz mit dem Lebensweg von *Otto Jesse* befassen.

Otto Jesse wurde am 25. März 1838 als Sohn eines Gutsbesitzers im damaligen Breetz geboren. Nach Absolvierung des Lehrerseminars in Köpenick war er als Geometer im Rahmen der damaligen Preußischen Landvermessung tätig, um anschließend im technischen Bereich des früheren Königlichen Eisenbahndienstes zu wirken. Wie *W. Foerster* berichtet (1901), nahm *Jesse* bereits zu dieser Zeit Verbindung mit verschiedenen Sternwarten auf und beteiligte sich auch an verschiedenen astronomischen Berechnungen. Im Jahre 1874 trat *Jesse* sodann in den Dienst der Berliner Sternwarte — heute zum Zentralinstitut für Astrophysik der Akademie der Wissenschaften der DDR gehörig —, wobei er in den Folgejahren insbesondere von dem damaligen Direktor, *Wilhelm Foerster* (1832–1921) unterstützt und gefördert wurde. Indem *Jesses* Forschungen auch von der damaligen Berliner Akademie der Wissenschaften — der heutigen Akademie der Wissenschaften der DDR — finanziell gefördert wurden, konnte *Jesse* über einen längeren Zeitraum - unter Heranziehung des Personals der Sternwarte - beispielsweise wirkten am Nachtwolkenprogramm *F. S. Archenhold, F. J. Höffler, K. Necker, F. Stolze* sowie *O. Tetens* mit — seine Studien über die Leuchtenden Nachtwolken durchführen.

Jesse schied im Jahre 1899 aus gesundheitlichen Gründen aus dem Dienst des Astronomischen Recheninstituts, an das er 1898 übergewechselt war, aus. Über seine Lebensverhältnisse ist nur wenig bekannt, indessen zeigen die entsprechenden Angaben bei *Archenhold* (1901), daß *Jesse* ein leidvolles Leben, stets mit wirtschaftlichen Sorgen konfrontiert, durchgemacht haben muß. Offensichtlich auf Grund der Hilfe des Architekten *Ernst* konnte sich *Jesse* auf dem Dache des von ihm bewohnten Hauses eine „Wolkenwarte" errichten, von der aus er hoffte, die Leuchtenden Nachtwolken beobachten zu können. Jedoch weist auch *Archenhold* in seinem Nachruf auf *Jesse* darauf hin, daß dieser die Wolkenwarte kaum benutzen konnte, so daß bereits in den letzten Lebensjahren von *Jesse* das Ende seines Beobachtungsprogramms eintrat. Die unglückliche Situation *Jesses* wird dadurch deutlich, daß ihm erst eine „Gnaden-Pension" besorgt werden mußte, da er sonst nach seinem durch die Krankheit bedingten Ausscheiden ohne jegliche Hilfe leben mußte. Soweit zu ersehen, wurde *Jesse* von seiner Schwester Pauline in seinen Arbeiten unterstützt. Da *Jesse* keine weiteren Angehörigen hatte, ist auch heute sein Grab längst eingeebnet.

Es gehört sicherlich zu den tragischen Augenblicken im wissenschaftlichen Streben von *O. Jesse*, daß sein Werk erst nach seinem Tode — im Grunde erst in den letzten Jahren in der internationalen Diskussion — eine umfassende Anerkennung und Würdigung gefunden hat. Überblickt man das wissenschaftliche Lebenswerk von *Jesse* – insbesondere seine Beiträge zu den Leuchtenden Nachtwolken sowie zur Frage der Höhenbestimmungen der Polarlichter (*Schröder,* 1974 b) –, so muß man, wenn man die große wirtschaftliche Not, in der er und seine Schwester lebten – sieht, in Hochachtung dieses beispiellosen Beobachters und Forschers gedenken. In der internationalen Forschung heute setzt sich immer mehr die Erkenntnis durch, daß es insbesondere die *Jesse*schen Arbeiten waren, die den Weg zur heutigen Physik der Hochatmosphäre einleiteten und begründeten (*Fukushima*, 1973; *Schröder*, 1973/74 a,b)

Ohne Zweifel wären die Arbeiten von *Jesse* nicht möglich gewesen, wenn ihm nicht die Unterstützung durch *Wilhelm Foerster*, den damaligen Direktor der Berliner Sternwarte, zuteil geworden wäre. *W. Foerster* wurde am 16. Dezember 1832 geboren und ging im Jahre 1850 an die Universität in Berlin, um dort Mathematik und Astronomie zu studieren. Nach einem Zwischenaufenthalt in Bonn wurde er im Jahre 1855 von *J. F. Encke* (23. 9. 1791–26. 8. 1865), dem seinerzeitigen Direktor der Berliner Sternwarte, zum zweiten Assistenten an dieses Institut berufen. Nachdem er im Jahre 1863 zum außerordentlichen Professor ernannt worden war, erfolgte im Jahre 1865 seine Ernennung zum Direktor der Sternwarte.

Neben seinen mannigfaltigen Forschungen zur Astronomie hat er z. B. an der Gründung des Astrophysikalischen Observatoriums in Potsdam (heute ebenfalls ein Teil des Zentralinstituts für Astrophysik der AdW der DDR), der Sternwarte Straßburg und weiteren Einrichtungen einen erheblichen Anteil gehabt. Nachdem sich *W. Foerster* bereits frühzeitig um die Vermittlung fachlichen Wissens in öffentlichen Vorträgen bemüht hatte, erfolgte unter seiner Mitbeteiligung im Jahre 1891 die Gründung der „Vereinigung von Freunden der Astronomie und kosmischen Physik, VAP". Wilhelm Foerster verstarb am 18. Januar 1921.

Foerster hat sich vielseitig um die Probleme bei der Erforschung der Erdatmosphäre bemüht. So schreibt er über den Beginn der Berliner Arbeiten:

„Das Jahr 1883 wurde in mancher Beziehung epochemachend für eine neue Betätigung der Berliner Sternwarte auf dem Gebiete der meteorisch-astronomischen Untersuchungen, und zwar durch die gewaltigen Erscheinungen, welche mit dem Ausbruche des Vulkans Krakatoa an der Sunda-Straße im August 1883 ihren Anfang nahmen . . ." (*Foerster*, 1911; S. 178).

Über das Programm zur Beobachtung der Leuchtenden Nachtwolken führte er aus:

„. . . Weiterhin aber waren jene vulkanischen Wolkenschichten in einer bisher noch nicht völlig erklärten Weise immer höher emporgestiegen, bis sie allmählich in einer Höhe von 82 km über der Erdoberfläche eine gewisse regelmäßige Verteilung, und zwar in Gestalt einer jahreszeitlichen Wanderung annahmen, durch die sie sich dann vom Jahre 1884 ab etwa 8 bis 10 Jahre lang in grösseren Massen in denjenigen Polarregionen ansammelten, die gerade Sommer hatten. Diese merkwürdigen vulkanischen Wolken haben sich dann offenbar bei diesen Wanderungen allmählich zerstäubt, vielleicht auch allmählich noch höher emporschwebend, und sich in den Weltraum verlierend." (*Foerster*, 1911; S. 179).

Wie aus dem Literaturverzeichnis ersichtlich, hat *Foerster* auch noch in anderen Schriften Stellung zum Problem der Leuchtenden Nachtwolken genommen. Hier ist besonders erwähnenswert, daß *Foerster* anläßlich der 14. Generalversammlung der Astronomischen Gesellschaft einen Vortrag zum Thema „Ueber die leuchtenden Wolken" hielt.[10] Wie auch weiterhin aus dem Gesuch von *Jesse* an den Preussischen Minister der geistlichen Angelegenheit deutlich wird, hatte sich *Foerster* auch insbesondere um die Beschaffung der finanziellen Unterstützung durch die Akademie der Wissenschaften bemüht.[10a]

Insoweit ergibt sich also, daß *Foerster* in erheblichem Maße am Gelingen des Berliner Forschungsprogramms beteiligt war; darüber hinaus hat er durch seine Studien über das „widerstehende Mittel" (*Foerster*, 1906; 1911) interessante Deutungsaspekte in die Diskussion eingebracht.

Von den übrigen Berliner Mitarbeitern sei noch kurz *F. S. Archenhold* (2. 10. 1861–14. 10. 1939) erwähnt. Wie bereits *Foerster* in den Jahresberichten der Sternwarte erwähnte, war er auf der Außenstation Grunewald für die Durchführung des photographischen Programms eingesetzt; *Archenhold* hat ferner im Jahre 1928 eine interessante Zusammenstellung der Beobachtungswerte sowie Geschwindigkeitsbestimmungen von *Jesse* gegeben. In dieser Schrift hat er auch Auszüge aus einer unveröffentlicht gebliebenen Arbeit von *Jesse* mit dem Titel „Die Leuchtenden Nachtwolken und das widerstehende Mittel im allgemeinen Raum" zitiert.

2.2. Die Ergebnisse der Berliner Arbeiten und ihre Bedeutung für die Physik der Hochatmosphäre

Der erhebliche Fortschritt in der Erforschung der Hochatmosphäre wird deutlich, wenn die Berliner Arbeiten einmal mit dem Wissensstand vor 1885, sodann mit dem heutigen verglichen werden. Dabei ergibt sich, daß in den Jahren vor Beginn der Berliner Arbeiten lediglich Vermutungen über die Vorgänge im Bereich der Hochatmosphäre möglich gewesen sind; erst die systematischen Forschungsvorhaben auf der Berliner Sternwarte boten eine weitergehende Möglichkeit, um auf indirektem Wege – über die Beobachtung der Leuchtenden Nachtwolken – Rückschlüsse über die spezifischen Prozesse im Bereich der Hochatmosphäre zu erlangen. Unter diesem Aspekt ergibt sich, daß durch die Arbeiten der Berliner Sternwarte erstmalig der Nachweis der Existenz der Leuchtenden Nachtwolken, ihrer nahezu konstanten Höhe sowie der turbulenten Vorgänge im Bereich der Atmosphärenschichten im 80-km-Bereich gelungen war. Somit waren erstmalig Aussagen über die tatsächlichen Vorgänge im 80-km-Bereich möglich, wobei die Geschwindigkeitsmessungen bei den Leuchtenden Nachtwolken weitere Einblicke ermöglichten. Hinzukommt als

[10] Zusammenfassung abgedruckt in: Vjschr. Astron. Ges. **26** (1891) S. 271; die Tagung fand in München statt.

[10a] Das hier nicht abgedruckte ausführliche Gesuch von *Jesse* stammt aus dem Januar 1891.

gleichfalls bedeutende Leistungen von *Jesse* und *Foerster*, daß erstmalig ein systematisches Überwachungsprogramm der Hochatmosphäre entworfen und durchgeführt wurde, wobei der technische Stand als beachtlich angesehen werden muß, nimmt er doch beispielsweise die späteren *Störmer*schen Ansätze vorweg, indem *Jesse* sowohl korrespondierende photographische Studien durchführte, als auch die Stationen untereinander in Verbindung setzte. Der bedeutende technologische Aspekt der Berliner Arbeiten ergibt sich auch aus dem Einsatz lichtstarker Kameras; wie *Baschin* (1900) mitteilt, benutzte er bei der Gewinnung der ersten Polarlichtaufnahmen im Jahre 1892 eine *Jesse*sche Kamera, deren Öffnung 60 mm und deren Brennweite 210 mm betrug. Es war *Jesse* erstmalig gelungen, brauchbare Photographien der Leuchtenden Nachtwolken und durch deren Auswertung weitergehende Erkenntnisse über die Strömungsverhältnisse der Hochatmosphäre zu erlangen. Entscheidend bei der Beurteilung dieses Programms ist auch, daß *Jesse* die systematischen Beobachtungen der Leuchtenden Nachtwolken eingeleitet und durchgeführt hat, wodurch der heutigen Forschung fortlaufende Daten der Jahre 1885 bis 1896 zur Verfügung stehen.

Die Durchführung der korrespondierenden photographischen Überwachung der Leuchtenden Nachtwolken, die Aufstellung eines auch heute noch aktuellen Forschungsprogramms sowie die hieraus gewonnenen Beobachtungsergebnisse müssen insgesamt als wissenschaftliche und organisatorische Pionierleistung beurteilt werden.

Damit ergibt sich auch bei der Beurteilung der Berliner Arbeiten aus heutiger Sicht, daß diese Forschungen von *Jesse* und *Foerster* u. a. auf der Berliner Sternwarte – die nicht zuletzt dank der Mithilfe der Akademie der Wissenschaften – der heutigen Akademie der Wissenschaften der DDR – ausgeführt werden konnten, einen entscheidenden und bedeutenden Beitrag zum Verständnis der Physik der höheren Atmosphärenschichten geleistet haben. Es ist insgesamt sicherlich gerechtfertigt, wenn festgestellt wird, daß es erst die Arbeiten der Berliner Sternwarte waren, die den Weg zu einer systematischen Erforschung der Hochatmosphäre initiiert haben.

2.3. Das Programm der Berliner Sternwarte als Vorläufer heutiger internationaler Forschungsvorhaben

In der Wissenschaftsgeschichte muß es als Seltenheit bezeichnet werden, wenn ein Forschungsprogramm seine Bedeutung über Dezennien hinweg behält.

Dies trifft jedoch für das frühere, unter *Jesses* Leitung ausgearbeitete Programm zur visuellen und photographischen Beobachtung der Leuchtenden Nachtwolken zu. Dabei muß besonders hervorgehoben werden, daß *Jesse* sehr frühzeitig (1886/87) das Programm in seiner Bedeutung beim Studium der hochatmosphärischen Prozesse gesehen hat: In seinen Notizen, die er zwischen

1886 und 1889 veröffentlichte, hebt er immer wieder die Bedeutung der Nachtwolkenstudien stellvertretend für die Hochatmosphäre hervor. Bemerkenswert ist es auch, daß er bereits ein globales, d. h. die Erde umspannendes, Beobachtungsnetz vorsah, indem er immer wieder die Notwendigkeit von Beobachtungen auf der Südhalbkugel hervorhob und schließlich erreichen konnte, daß die damalige Seewarte in Hamburg für die Besatzungen der Überseedampfer eine Art Beobachtungsanleitung mitgab.

Ein ganz entscheidender Aspekt der Berliner Arbeiten muß jedoch in der Durchführung des korrespondierenden photographischen Beobachtungsnetzes gesehen werden. Jesse hatte bereits frühzeitig, auf Veranlassung von *Foerster*, 1887 erste Aufnahmen der Leuchtenden Nachtwolken durchgeführt.

Jedoch bildet das von ihm konzipierte Programm, das er auch durch eine breitere Unterstützung von Mitgliedern der Vereinigung von Freunden der Astronomie und kosmischen Physik glaubte erweitern zu können (1890; 1891), den ersten Ansatz eines umfassenden Studiums von Phänomenen der Hochatmosphäre.

Daß *Jesses* Forschungen tatsächlich die späteren umfassenden Studien der Hochatmosphäre anderer Wissenschaftler einleiteten, ergibt sich ferner, wenn bedacht wird, daß beispielsweise die Arbeiten über die Stratosphäre erst im Jahre 1902 von *Assmann* und *Teisserenc* erfolgten. Interessant ist auch, daß das *Störmer*sche Programm zur Überwachung der Polarlichter erst etwa ab 1909/10 datiert (*Störmer*, 1925), wobei erwähnenswert ist, daß die Methodik der *Störmer*schen Studien eben dieselbe ist, wie wir sie bei *Jesse* beschreiben konnten. Auch *Störmer* führte korrespondierende photographische Aufnahmen von Stationen aus, die telefonisch miteinander verbunden waren.[11]

Wie sehr die *Jesse*schen Vorstellungen bis in die heutige Zeit hinein festzustellen sind, ergibt sich, wenn die neueren Bestrebungen seit 1965/66 herangezogen werden. Mit der Einrichtung eines „Special World Geophyscial Centre for Noctilucent Clouds“ (vgl. hierzu IQSY **3** (65)) sowie der Durchführung des ersten Internationalen Nachtwolken-Symposiums im Jahre 1966 in der UdSSR waren die ersten systematischen Schritte zur Vereinheitlichung der weltweiten Beobachtungen über Leuchtende Nachtwolken begonnen worden. 1965 hatte sodann die WMO die notwendigen Schritte zur Vereinheitlichung und Sammlung von Nachtwolken-Beobachtungen getan, so daß konsequenterweise 1966/67 als Folge einer Rundfrage durch das seinerzeitige IQSY-Sekretariat (vgl. hierzu: IQSY **68** (66)) eine Vereinheitlichung und Koordinierung der weltweiten Beobachtungen erfolgte. Schließlich konnte im Jahre 1970 von der WMO ein „International Noctilucent Cloud observation manual“ herausgegeben werden.

Gerade diese internationale Diskussion sowie letztlich die Publikation der WMO lassen erkennen, daß wesentliche Forschungsaspekte im Ergebnis den-

[11] Herrn Prof. Dr. *H. Köhler* verdanke ich viele Hinweise auf die *Störmer*schen Arbeiten.

jenigen gleichen, wie sie *Jesse* bereits 1887/90 entworfen hatte. Somit ergibt sich, daß die früheren Berliner Arbeiten als Vorläufer, ja im Ergebnis als Wegbereiter heutiger internationaler wissenschaftlicher Forschungsprogramme angesehen werden müssen.[12] Es ergibt sich weiterhin, daß die damalige Berliner Sternwarte mit ihren Arbeiten über Leuchtende Nachtwolken den Beginn der heutigen Aeronomie, der Physik der Hochatmosphäre, markiert.

[12] Von seiten der „World Meteorological Organization, WMO“ wurde im Jahre 1970 ein International Noctilucent Cloud Observation Manual“ (WMO – No. 250. TP. 138, 39 S.); herausgegeben, das wesentliche Grundzüge des *Jesse*schen Programms an der Berliner Sternwarte beinhaltet, da die gegenwärtigen Forschungsfragen denjenigen zur Zeit *Jesses* durchaus ähneln. Im übrigen ist durch die Mitwirkung der WMO ein erster Schritt zu einem einheitlichen internationalen Beobachtungsprogramm getan; vgl. hierzu auch das Rundschreiben des WMO-Sekretariats vom 23. November 1965 (No. 21.217/T/DRN).
Soeben wurde in der Reihe „Meteorol. Issledov.“ der Akademie der Wissenschaften der UdSSR ein weiteres Heft mit sowjetischen Studien über Leuchtende Nachtwolken herausgegeben. (Met. Issl., Nr. 22, Moskau 1975).

3. TEIL: INTERNATIONALE FORSCHUNGSVORHABEN ÜBER LEUCHTENDE NACHTWOLKEN IN DEN JAHREN 1900–1974

3.1. Studien der Leuchtenden Nachtwolken in den Jahren 1900–1956

Mit *Jesses* Ableben im Jahre 1901 hatte die systematische Erforschung der Leuchtenden Nachtwolken ein vorläufiges Ende gefunden. Wie bereits aus den Jahresberichten der Berliner Sternwarte hervorging, waren dort schon zu Lebzeiten *Jesses* die systematischen Beobachtungen eingestellt worden.

Nach *Jesses* Tod blieb Berlin jedoch insoweit mit der Erforschung der Leuchtenden Nachtwolken verbunden, weil sowohl *Foerster* (1906; 1908; 1911a, b) als auch *Archenhold* (1928) noch über Ergebnisse berichteten.

In der früheren „Vereinigung von Freunden der Astronomie und kosmischen Physik, VAP" wurden zwar noch sporadische Beobachtungen der Leuchtenden Nachtwolken bekannt, jedoch gab es kein Zentrum der Erforschung dieser Erscheinungen mehr. Lediglich das Jahr 1908 mit den sogenannten hellen Nächten vom 30. Juni (vgl. hierzu: *Deirmendjian,* 1973; *Foerster,* 1908; *Schröder,* 1972; *Silverman,* 1970; *Stentzel,* 1908; *Süring,* 1935; *Vasil'ev* und *Fast,* 1972) brachte nicht nur mehrere Beobachtungsmeldungen, sondern führte auch in einem begrenzten Rahmen zur Diskussion der möglichen Ursachen und somit auch wieder zu den Leuchtenden Nachtwolken.

Für die Folgejahre liegen nur sporadische Beobachtungen aus der deutschsprachigen Literatur vor. Diese Einzelbeobachtungen sind katalogmäßig erfaßt worden (*Schröder,* 1967, 1968). Gelungene Photographien, insbesondere auch im Zusammenhang mit seinen Studien des verstärkten Nachthimmelleuchtens konnte *C. Hoffmeister* (1892–1968) vorlegen, der diese Arbeiten auf der Sonneberger Sternwarte durchführte, die jetzt ebenfalls zum ZI für Astrophysik der AdW der DDR gehört. Sieht man jedoch von diesen Beiträgen *Hoffmeisters* ab, so läßt sich zumindest bis 1957 in der deutschsprachigen Literatur kein systematisches Beobachtungsprogramm aufzeigen. Erst seit 1957 werden in Rönnebeck (φ: 53° 2 N) systematische Studien des verstärkten Nachthimmelleuchtens, des Polarlichtes sowie insbesondere der Leuchtenden Nachtwolken betrieben; hierauf wird unter 3.2. einzugehen sein.

Bereits zu Lebzeiten *Jesses* wurden auf dem Gebiete der heutigen UdSSR Forschungen von *V. K. Čeraskij* (1849–1925) ausgeführt. *Jesse* selbst erwähnt auch die Höhenbestimmungen von *Čeraskij.* In den Folgejahren wurden wiederholt von sowjetischen Forschern gute Studien geliefert, so daß insbesondere auch für den Zeitraum bis 1956 die laufenden, systematischen sowjetischen

Arbeiten eine gute Grundlage heutiger Untersuchungen bilden (vgl. hierzu: *Bronšten* und *Grišin,* 1970).

In Norwegen hatte *C. Störmer* (1874–1957) im Zusammenhang mit seinem photographischen Nordlicht-Programm auch die Überwachung der Leuchtenden Nachtwolken durchgeführt. Von ihm stammen, neben verschiedenen kurzen Notizen, zwei grundlegende Arbeiten aus den Jahren 1933 und 1935.

In England hatte *J. Paton* (1903–1973) bereits 1939 mit der fortlaufenden, visuellen Überwachung der Leuchtenden Nachtwolken begonnen. *Paton* hat später ein umfassendes Beobachtungsnetz auf den britischen Inseln eingerichtet und laufend Studien und spezielle Beobachtungsnotizen veröffentlicht.

In Nordamerika liegt einmal eine zusammenfassende Bearbeitung durch *E. H. Vestine* (1934) vor. In den Jahren vor dem Internationalen Geophysikalischen Jahr lassen sich für diesen Kontinent keine systematischen Studien aufzeigen.

3.2. Die Arbeiten über Leuchtende Nachtwolken nach Beendigung des Internationalen Geophysikalischen Jahres

Das Internationale Geophysikalische Jahr (1957–1958) gab auch der Erforschung der Leuchtenden Nachtwolken einen nachhaltigen Aufschwung. Die entsprechenden Studien konzentrierten sich auf Forschungszentren, die sich in der UdSSR, den USA sowie Mitteleuropa gebildet hatten (vgl.: *Bronšten* und *Grišin,* 1970).

Einen bemerkenswerten Anteil an diesen Spezialstudien der Leuchtenden Nachtwolken hatten dabei die sowjetischen Arbeiten. Unter der Leitung der Akademie der Wissenschaften sowie der Stationen des Hydrometeorologischen Dienstes der UdSSR sowie des Einsatzes vieler freiwilliger Beobachter wurde eine bedeutende Beobachtungsarbeit geleistet, die bis in die jetzigen Tage anhält. Dabei konnte einerseits in der UdSSR auf die langjährige Tradition der Nachtwolken-Forschung (z. B.: *Čeraskij, Astapovič, Chvostikov, Šaranov* etc.) zurückgegriffen werden; andererseits wurde bereits zu Beginn des Internationalen Geophysikalischen Jahres ein sehr vielseitiges Forschungsprogramm vorgelegt. Interessant ist ferner, daß in der UdSSR mehrfach regionale Tagungen über Leuchtende Nachtwolken stattfanden (Trudy, 1959; 1961; 1962; 1970) zu einer Zeit, als den Nachtwolken in der internationalen Literatur keine besondere Bedeutung zugemessen wurde. Ferner fand auf Einladung der Akademie der Wissenschaften sowie unter Mitwirkung des IQSY-Sekretariats im Jahre 1966 in der UdSSR erstmalig eine internationale Tagung über Probleme der Leuchtenden Nachtwolken statt. In der UdSSR trafen sich bei einer anderen Gelegenheit, nämlich der IUGG-Generalversammlung im Jahre 1971, Nachtwolkenforscher aus aller Welt (vgl. Symposium etc., 1971). Die zahlreichen sowjetischen Beiträge zur Physik der Leuchtenden Nachtwolken haben in der internationalen Literatur ein vielfältiges Echo gefunden, so daß sie auch im internationalen Rahmen eine führende Stellung eingenommen haben. Es sei kurz daran erinnert, daß beispielsweise auch die Studien über das „Tunguska-Ereignis“ sowie zur Meteorastronomie durchaus günstig für die Erforschung der Leuchtenden Nachtwolken wurden.

Für einen kürzeren Zeitraum, insbesondere die Jahre 1962–1967/68, haben amerikanische Studien die Diskussion um die Leuchtenden Nachtwolken sehr gefördert. Entscheidend war hierbei, daß sich *S. Chapman* (1888–1970) nachhaltig um die Förderung solcher Arbeiten bemühte und somit die Bemühungen von *B. Fogle* unterstützte. Dank dieser Unterstützung durch *Chapman* konnte *Fogle* nach 1962 ein gutes nordamerikanisches Beobachtungsnetz aufbauen. Hierdurch wurden erstmalig und in großem Umfange in Nordamerika Studien der Leuchtenden Nachtwolken betrieben. Dabei ist es auch *Fogle* zu verdanken, daß gesicherte visuelle und photographische Befunde hinsichtlich des Auftretens der Leuchtenden Nachtwolken auf der Südhalbkugel erhalten wurden; dieser systematischen Arbeit von *Fogle* verdankt die Nachtwolkenforschung beachtliche Anregungen und eine bemerkenswerte Weiterentwicklung. Neben *Fogle* berichteten beispielsweise *Chapman* und *Kendall* (1965); *Christie* (1969 a, b), *Deirmendjian* und *Vestine* (1959), *Haurwitz* (1964, 1969), *Hemenway, Soberman* und *Witt* (1964); *Soberman* (1968) sowie *Theon, Nordberg, Smith, McGovern* et. al. (1967, 1969, 1970) über Leuchtende Nachtwolken bzw. angrenzende Probleme. Von besonderem Interesse sind auch die Studien von *Ferguson* (1970) sowie die Studien mit optischen Radargeräten (Laser-Scheinwerfer), wie sie von *Fiocco* und *Grams* (1966, 1971) betrieben wurden; ferner die Arbeiten von *Harrison* (1973); *Hines* (1968); *Joseph* (1967); *Kellogg* (1961); *Maeda* und *Ishikawa* (1968); *Millman* (1959, 1969); *Shafrir* und *Humi* (1967); *Shimazaki* (1972); *Webb* (1965); – alle diese Studien haben verschiedene Forschungsschwerpunkte zum Gegenstand, die wiederum Beziehungen zu den Leuchtenden Nachtwolken erkennen lassen. Festzuhalten ist, daß das amerikanische Beobachtungsnetz weiterarbeitet und alljährlich vom Meteorologischen Dienst Kanadas eine Liste der beobachteten Leuchtenden Nachtwolken herausgegeben wird.

Ein weiteres Zentrum der Erforschung der Leuchtenden Nachtwolken war bisher England. Wie bereits erwähnt, hatte *J. Paton* 1939 mit der visuellen Beobachtung der Leuchtenden Nachtwolken begonnen, wobei er sich in der Gegenwart auf ein umfassendes Beobachtungsnetz meteorologischer Stationen sowie freiwilliger Beobachter stützen konnte. *Paton* hat nicht nur alljährlich im „Meteorological Magazine“ die mitteleuropäischen Daten publiziert; er hat außerdem mit seinen vielen Arbeiten wichtige Impulse bei der Erforschung der Leuchtenden Nachtwolken gegeben.

Wichtige Beiträge über die Leuchtenden Nachtwolken stammen aus Skandinavien; hier hat *G. Witt* seit 1957 ganz entscheidende Beiträge geliefert, die zu den Standardarbeiten auf dem Gebiet der Leuchtenden Nachtwolken zu zählen sind. Weitere Beiträge stammen von dem norwegischen Forscher *Eigil Hesstvedt*, der sich ebenfalls zwischenzeitlich mit den Problemen der Leuchtenden Nachtwolken sowie der Mesosphäre befaßt hatte.

In den letzten Jahren wurden auch in der VR Polen fortlaufend Studien der Leuchtenden Nachtwolken ausgeführt; es ist besonders *S. Kosibowa* zu verdanken, daß es eine internationale Zusammenstellung der Nachtwolkenliteratur[13] gibt. *Kosibowa* berichtet laufend über die Ergebnisse der polnischen Beobachtungen.

13 *S. Kosibowa* und *J. L. Pyka*, Bibliografia obłoków srebrzystch i problemów z nimi związanych. Wrocław 1969; 121 S.

4. TEIL: ENTWICKLUNGSLINIEN ZUR THEORIE DER LEUCHTENDEN NACHTWOLKEN

Obgleich die Leuchtenden Nachtwolken seit mehr als acht Dezennien beobtet werden, gibt es derzeit keine allgemein akzeptierte Erklärung dieses Phänomens. Keine der bisherigen Vorstellungen ist geeignet, alle im Zusammenhang mit den Leuchtenden Nachtwolken auftretenden Fragen insgesamt überzeugend zu beantworten.

Grob gesehen, kann man zwei Hypothesen, die sog. „Staub- bzw. Eishypothese" unterscheiden. Damit ist gemeint, daß die Leuchtenden Nachtwolken entweder ihre Ursache im terrestrischen bzw. extraterrestrischen Staub bzw. darin haben, daß sie aus Eispartikeln bestehen (wobei Staubpartikeln als Kondensationskerne wirken).

Überblickt man die vorliegende Literatur, so kommt auch sehr häufig der Gedanke vor, wonach eine Beziehung zwischen dem Auftreten der Leuchtenden Nachtwolken sowie von Vulkanausbrüchen besteht. Diese Gedanken gehen zurück auf den Ausbruch des Krakatau in der Sunda-Straße im Jahre 1883; tatsächlich sind seit diesem bemerkenswerten geophysikalischen Ereignis immer wieder Arbeiten bekannt geworden, die das verstärkte Auftreten von Leuchtenden Nachtwolken mit etwaigen Vulkanausbrüchen in Beziehung brachten (vgl. *W. Hartmann,* 1934).

Erste Ansätze, die zur Erklärung der Leuchtenden Nachtwolken dienen sollten, stammen von *Jesse* und *Foerster.* Wir wollen deshalb zunächst deren Gedanken insgesamt darstellen.

4.1. Die Vorstellungen von O. Jesse und W. Foerster zur Natur der Leuchtenden Nachtwolken

Vorstellungen, die später auch bei der Interpretation der Leuchtenden Nachtwolken festzustellen sind, hat *Jesse* bereits bei seinen ersten Überlegungen über die Dämmerungserscheinungen des Winters 1883/84 vorgelegt (*Jesse;* 1884). Ausgangspunkt seiner Arbeit war dabei insbesondere, daß *Hann* Bedenken gegen die Ansicht geäußert hatte, wonach zwischen diesen Dämmerungserscheinungen und der vulkanischen Eruption von 1883 Beziehungen bestehen. Dies hatte *Jesse* veranlaßt, eben diesen Gedanken einer Beziehung zwischen der Krakatau-Eruption und den anomalen Dämmerungserscheinungen näher zu bestimmen. Interessant ist, daß *Jesse* darauf verweist, er habe in Europa als erster den Gedanken einer Beziehung zwischen dem Krakatau-Ereignis sowie den anomalen Dämmerungserscheinungen aufgestellt.[14]

Als Argumente für diese erwähnten möglichen Beziehungen macht *Jesse* darauf aufmerksam, daß zunächst einmal vor dem Ausbruch des Krakatau keine außergewöhnlichen Dämmerungserscheinungen gesehen wurden. Sodann zeigt *Jesse*, daß schon allein die Ausbreitung dieses Phänomens – beginnend im tropischen Teil des Indischen Ozeans – „unzweifelhaft auf den Ausbruch des Krakatoa sowohl der Richtung als der Zeit nach geführt (werden kann)“ (*Jesse*; 1884, S. 313).

Unter Hinweis auf vorhergehende vulkanische Eruptionen, wie beispielsweise von 1831, 1862, versucht *Jesse*, diese von ihm vermutete Beziehung zu stützen. Als weitere Stütze versucht *Jesse* die Auswertung mikroskopischer Analysen der Teilchen heranzuziehen, indem er bemerkt, daß „ein grosser Theil der festen Bestandtheile, mit welchen der Regen und Schnee vermischt war, auch in der Asche enthalten war, welche in der Nähe des Krakatoa nach dem Ausbruch desselben gesammelt worden ist.“ (*Jesse*; 1884, S. 314.)

Bemerkenswert ist, daß *Jesse* in dieser Arbeit sodann bereits auf den Begriff eines „widerstehenden Mittels“ zu sprechen kommt. Um diese Überlegungen von *Jesse* besser einreihen zu können, sei daran erinnert, daß bereits *Encke* (1791–1865) bei der Bearbeitung des nach ihm benannten Kometen aus den fortlaufend abnehmenden Umlaufzeiten vermutete, daß der Weltraum mit einem, wenn auch sehr dünnen, widerstehenden Mittel angefüllt ist. *Jesse* führt nun aus, daß der gesamte Raum, in dem sich die Sonne mit den Planeten sowie auch Kometen befindet, mit einer feinen Materie, die sich als Fortsetzung der atmosphärischen Hüllen der Himmelskörper verstehen lassen würde, ausgefüllt ist. Es bedeutet dies, daß letztlich eine obere Grenze der irdischen Atmosphäre nicht existiert.

Für die Frage nach der Ausbreitung der intensiven Dämmerungserscheinungen des Jahres 1883/84 nahm *Jesse* in dieser Arbeit eine obere östliche Luftströmung an, die die Staubmassen in Richtung Westen führte; er begründete diese Ansicht aus der Anwendung des vorstehenden widerstehenden Mittels auf das Problem der Zirkulation der obersten Luftschichten der Erdatmosphäre, von denen er annahm, daß sie – im Gegensatz zu den unteren Luftschichten – an der täglichen Rotation der Erde nicht mehr teilnehmen. Zur Erklärung der verspäteten Beobachtungen aus Indien nahm *Jesse* an, daß die dem Vulkanausbruch folgende Dunstwolke – nachdem sie einen Erdumlauf

[14] *Jesse* bezieht sich hierbei auf verschiedene Notizen in der damaligen „Neue Preussische Zeitung“ vom 2., 6., 9. und 12. Dezember des Jahres sowie auf andere darin gebrachten Notizen. (Diese Notizen von *Jesse* waren mir nicht zugänglich; vgl. hierzu jedoch: *Kießling*, 1884/1888.)

mitgemacht hatte – sowie sich inzwischen auch weiter ausbreiten konnte, endlich auch durch die Dämmerungsphänomene in Indien angezeigt wurde.[15]

Die Vorstellung, wonach ein widerstehendes Mittel für die Interpretation der Leuchtenden Nachtwolken heranzuziehen ist, hat *Jesse* auch in späteren Arbeiten vertreten. (*Jesse;* 1888; 1891; *Archenhold,* 1928).

In seiner Arbeit aus dem Jahre 1888 befaßte sich *Jesse,* ausgehend von einer Studie von *W. Kohlrausch,* erneut mit der Frage nach der Natur der Leuchtenden Nachtwolken. Dabei führt er aus ... „dass das Material der leuchtenden Wolken aus kleinen Krystallen besteht, welche aus der Verdichtung von Gasen in Folge sehr niedriger Temperatur der oberen Luftschichten entstanden sind." (*Jesse,* 1888; S. 91). Den Ursprung dieser Teilchen sucht *Jesse* wiederum in dem Ausbruch des Krakatau, wobei er vermutet, daß die Auswurfmasse des Vulkans sowohl aus staubartigen, als auch aus gasartigen Teilchen bestand. In dem mit der Eruption gleichzeitig in die oberen Luftschichten geförderten Wasserdampf, der jedoch kondensieren sollte und zurück auf die Erdoberfläche fiel, nahm *Jesse* an, daß die gleichfalls aufgetretenen leichteren Gase sich indessen mit der Luft vermischen sollten. Insoweit vermutete *Jesse,* daß die Gase, falls sie leichter als die Luft seien, insbesondere nach oben, d. h. in höhere Luftschichten befördert wurden.

Interessant ist an *Jesses* weiteren Überlegungen, wie er versucht, die bei den Leuchtenden Nachtwolken zu beobachtenden raschen Formveränderungen zu erklären: Hierzu geht er davon aus, daß die erstarrten Gase insgesamt schwerer als die sie umgebende Luft sind und sie somit rasch in tiefere Schichten der Atmosphäre zurückfallen werden. Indessen, so vermutete *Jesse,* kommt es bei diesem Zurückfallen unverzüglich wieder zu Verdampfungsprozessen und somit zu einem erneuten Aufsteigen. Auf diesen rasch vor sich gehenden Wechsel führt *Jesse* auch die erwähnten raschen Formveränderungen zurück.

Um die Erscheinung der Leuchtenden Nachtwolken möglich zu machen, nahm *Jesse* an, daß die weitzerstreuten Kristalle (Teilchen) sich miteinander vereinigen müßten, d. h. also eine gemeinsame Schicht bilden. Hierzu nahm *Jesse* einen längeren Zeitraum an, wobei er auch meinte, aufgrund dieses langen Zeitraumes die Differenz zwischen dem ersten Auftreten der Leuchtenden Nachtwolken im Jahre 1885 sowie dem Krakatau-Ausbruch von 1883 erklären zu können.[15]

Bei der Interpretation der jahresperiodischen Häufigkeit der Leuchtenden Nachtwolken griff *Jesse* erneut auf den Gedanken eines widerstehenden Mittels zurück, wobei er sich einerseits auf die Vorstellungen von *Siemens* stützte[16], andererseits den bereits 1884 geäußerten Gedanken hinsichtlich der

[15] Gegen die Ansichten von *Jesse* hat sich *J. v. Hann* (1839–1921) in mehreren redaktionellen Randbemerkungen gewandt; offensichtlich hat *Jesse* daraufhin in späteren Arbeiten verschiedene seiner ursprünglichen Ansichten geändert.

[16] Auch gegen diese Ansicht von *Siemens* wendet sich *v. Hann* (Meteorol. Z., 1884; S. 317), indem er ausführt, daß *Siemens* „um seine Weltatmosphäre gegen die

Vermutungen von *Encke* wieder aufgriff, wonach die zunehmende Verkürzung der Umlaufzeit des nach ihm benannten Kometen darauf zurückzuführen sei, daß der allgemeine Raum mit einem widerstehenden Mittel angefüllt ist. *Jesse* glaubt die Existenz eines solchen widerstehenden Mittels dadurch als bewiesen ansehen zu können, daß die Leuchtenden Nachtwolken zur Zeit des Winters der Nordhalbkugel auf der Südhalbkugel zu sehen sind, d. h. also, mit einer halbjährlichen Verspätung bzw. Verschiebung gegenüber der maximalen Häufigkeit während der Monate Dezember/Januar.

Die in den Jahren 1887–1888 offensichtlich eingetretene Verminderung in der Helligkeit bzw. in der Häufigkeit der Leuchtenden Nachtwolken führt *Jesse* nunmehr darauf zurück, daß bei der von ihm früher vermuteten Aufsteig- bzw. Abwärtsbewegung der Teilchen sich das Gas mit anderen Körpern, die sich in den tiefer liegenden Atmosphärenschichten befinden sollen, verbindet und hierdurch den Auftrieb verliert. Es bedeutet dies also, daß für die Ausbildung der Leuchtenden Nachtwolken mit fortschreitender Zeit immer weniger Teilchen zur Verfügung stehen, so daß letztlich mit einem Verschwinden der Leuchtenden Nachtwolken zu rechnen ist. Tatsächlich zeigen ja auch die verschiedenen Beobachtungsaufrufe von *Jesse* und *Foerster* sowie auch das Schreiben von *Jesse* an den Minister der geistlichen Angelegenheiten, daß beide Forscher mit einem völligen Verschwinden dieser Wolken gerechnet haben.

Zu Recht weist *Jesse* in dieser Arbeit darauf hin, daß die Ansicht von *Kohlrausch*, wonach die jahresperiodische Häufigkeit der Leuchtenden Nachtwolken sich allein aus der solaren Depression erklären ließe, nicht zu halten ist.[17]

Unter Zuhilfenahme des widerstehenden Mittels gibt *Jesse* in einer weiteren Arbeit Deutungen zur Natur der Leuchtenden Nachtwolken (1889). Darin führt er insbesondere aus, daß der interplanetare Raum nicht als „leer“ zu betrachten ist; vielmehr dieser von den Luftarten ausgefüllt ist, wie sie auch bei den Planeten des Sonnensystems anzutreffen sind. Bezugnehmend auf das mögliche Vorhandensein dieses widerstehenden Mittels kommt *Jesse* zu der Auffassung, daß während der Monate Januar bis Juni eine sehr langsame Strömung von der Süd- zur Nordhemisphäre sowie in dem nachfolgenden halben Jahr in entgegengesetzter Richtung stattfindet. An dieser allgemeinen Bewegung müssen sich auch die in der Atmosphäre befindlichen Teilchen beteiligen, so daß sich das bevorzugte Auftreten der Leuchtenden Nachtwolken im Juni/Juli auf der Nordhemisphäre aus der vorstehend gekennzeichneten Luftströmung erklären läßt.

Einwendungen der Astronomen zu retten, annahm, dass sie an den Umdrehungen theilnimmt, weil sich sonst der „Widerstand des Mittels“ zu deutlich zeigen müsste“ (*v. Hann*, Z. Österr. Ges. Meteorol. **19**, S. 317 (1884)).

[17] Die bisherigen Beobachtungsbefunde ergeben eine bevorzugte Sichtbarkeit der Leuchtenden Nachtwolken beim Sonnenstand von −6° bis −16° (vgl. auch *Bronšten* und *Grišin*; 1970).

Dieser von *Jesse* aus der von ihm vermuteten periodischen Strömung der Atmosphäre abgeleitete jahresperiodische Effekt mußte für die damalige Zeit durchaus einleuchtend sein, wenn bedacht wird, daß beispielsweise nichts über die Temperaturvariationen im Höhenbereich bekannt war, in denen die Leuchtenden Nachtwolken auftreten. *Jesse* selbst — dies geht aus seiner Arbeit (1889) hervor - vermutete, daß die Temperatur während des gesamten Jahres in diesen Höhen nur sehr geringen Schwankungen unterworfen sei.

Bemerkenswert an *Jesses* weiteren Überlegungen ist auch, daß er versucht, die aus den Nachtwolken gewonnenen Erkenntnisse auf die atmosphärischen Verhältnisse anderer Planeten, wie z. B. des Jupiter, zu übertragen.[18]

Eine weitergehende Interpretation der Leuchtenden Nachtwolken, wobei er eine besondere Berücksichtigung des widerstehenden Mittels suchte, hat *Jesse* in seiner Arbeit „Die leuchtenden Nachtwolken und das widerstehende Mittel im allgemeinen Raum“ versucht.[19] In dieser Arbeit vertrat *Jesse* die Auffassung, daß sowohl die jahresperiodische Häufigkeit als auch die allgemeine Bewegung der Leuchtenden Nachtwolken sich aus dem Vorhandensein eines widerstehenden Mittels im Sonnensystem erklären lassen. Hierbei nimmt *Jesse* an, daß dieses widerstehende Mittel dieselbe Bewegung um die Sonne hat wie die Planeten. Insoweit ergibt sich auch, daß sich keine Hemmung bzw. Verlangsamung in der Bewegung der Planeten aufzeigen läßt. Lediglich bei den Kometen ließe sich eventuell ein Einfluß aufzeigen. Hinsichtlich der Beteiligung der Erdatmosphäre an der Rotation führt *Jesse* in Fortführung seiner früher geäußerten Ansichten aus, daß diese an der oberen Grenze allmählich abnehmen wird. *Jesse* nimmt ferner an, daß sich an den Beobachtungen der Leuchtenden Nachtwolken, d. h. ihrer Geschwindigkeit, die Rotationsgeschwindigkeit der Erde in den Bewegungen der Nachtwolken aufzeigen läßt. Unter Berücksichtigung der Tatsache, daß sich die Leuchtenden Nachtwolken nicht an der Grenze der Erdatmosphäre befinden, was sich auch daraus ergibt, daß ihre Geschwindigkeit kleiner als 250 m/s ist, findet *Jesse*, daß die Grenzschicht der Erdatmosphäre mehrere hundert Kilometer Höhe betragen muß.

Hinsichtlich der Natur der Leuchtenden Nachtwolken äußert *Jesse* die Ansicht, daß sie auf Gasmassen zurückzuführen sind, die beim Krakatau-Ausbruch in große Höhen geschleudert wurden. Sowohl den Gedanken hinsichtlich der möglichen Beziehungen zwischen dem Krakatau-Ausbruch als auch

[18] Daß *Jesse* mit diesen Überlegungen bereits modernste Vorstellungen letztlich vorweggenommen hat, ist besonders bemerkenswert. Hinsichtlich gegenwärtiger Forschungen sei verwiesen auf *C. Sagan, J. Veverka, L. Wasserman* und *J. Elliot:* Jovian Atmosphere: Structure and Composition between the turbopause and the Mesopause. Science **184** (1974) 901—903, sowie *Bronšten* und *Grišin* (1970).

[19] *J. Bauschinger* (Vjschr. Astron. Ges. **33** (1898) 115) verweist in dem Jahresbericht des Astronomischen Recheninstituts darauf, daß *Jesse* die Arbeit fertiggestellt und der Akademie der Wissenschaften vorgelegt hat. Die Arbeit erschien jedoch nicht in den Schriften der Akademie; *Archenhold* gab in einer Veröffentlichung auszugsweise den Inhalt der *Jesse*schen Arbeit wieder (*Archenhold*, 1928).

des widerstehenden Mittels greift *Foerster* nach *Jesse* in mehreren Arbeiten wieder auf. So vermutet er im Zusammenhang mit einer Darstellung von Berichten über die Dämmerungserscheinungen des 30. Juni 1908, daß hierfür entweder vulkanische Substanzen, analog zum Krakatau-Ausbruch, oder aber meteoritische Staubmassen als Ursache gesehen werden könnten. Ausführlicher referiert *Foerster* in seinem 1906 veröffentlichten Buch sowohl die *Jesse*schen Resultate als auch die Vorstellungen zum widerstehenden Mittel. Hierin spricht *Foerster* aus, „es läßt sich jetzt mit großer Sicherheit behaupten, daß die Räume unseres Planetensystems nicht bloß von dem idealen Medium ‚Äther'[20], sondern auch von kleinen und kleinsten Massenelementen fester oder gasförmiger Art erfüllt sind, daß ferner höchstwahrscheinlich ein Teil dieser stofflichen Elemente auch planetarische Bewegungen um die Sonne beschreibt, wodurch die Widerstandswirkungen dieses Teiles der Raumerfüllungen gegen die Bewegungen der Planeten natürlich vermindert werden, daß dagegen ein

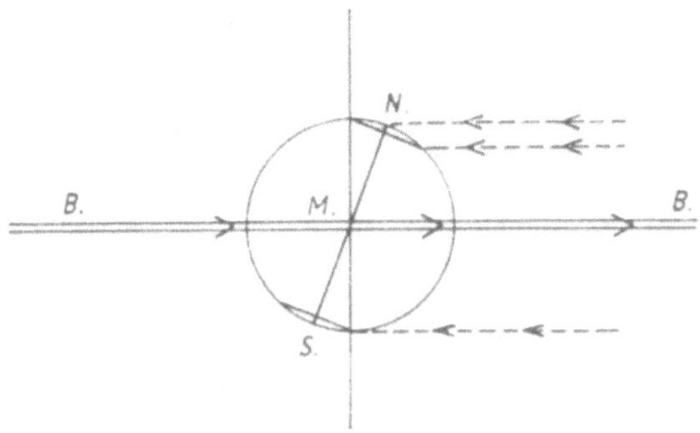

Abb. 1. *Foersters* Darstellung der Gegenwirkung der stofflichen Erfüllung des Himmelraumes (angedeutet durch unterbrochene Linien mit Pfeilspitzen); die Erdbahn ist mit *B B* gekennzeichnet und die Bewegung erfolgt von links nach rechts, NS Richtung der Erdachse, bei N/S sind die Polarzonen angedeutet (nach *Foerster*, 1906; S. 16)

anderer Teil dieser stofflichen Elemente, wesentlich unter der Wirkung der Anziehungskraft unserer Sonne in kometarischen Bahnen aus dem außerplanetarischen Raume von allen Seiten herkommend, durch unser Planetensystem wandert und dabei, die Bahnen der verschiedenen Planeten durchkreuzend, auch häufig genug in die Atmosphären derselben, also auch in die Atmosphäre unserer Erde eindringt." (*Foerster*, 1906; S. 14) (Abb. 1).

Konkret auf das Problem der Leuchtenden Nachtwolken übertragen, gibt auch *Foerster* an, daß anhand der aufgefundenen Geschwindigkeitswerte angenommen wurde, daß für die höheren Atmosphärenschichten „eine überwiegende Abhängigkeit der Bewegung von der Drehung der Erde nicht mehr

[20] Vgl. zum Problem des Äthers sowie der Einordnung in die Physik z. B. *E. Wiechert* (1921); hierzu allgemein *H. J. Treder*, 1972.

stattfindet.“ (*Foerster,* 1906; S. 55). Für die aufgefundenen größeren Geschwindigkeiten (für die Leuchtenden Nachtwolken fand *Jesse* Werte $\approx$ 100 m/s; *Jesse,* 1896) der oberen Atmosphärenschichten glaubt *Foerster* als Ursache die „Gegenwirkungen der Stofferfüllung des Himmelraumes gegen die Bewegungen der Erde“ (*Foerster*, 1906; S. 56) annehmen zu können. *Foerster* nahm ähnlich wie *Jesse* an, daß diese Gegenwirkungen auch jährliche Periodizitäten in Form von Zirkulationen der höheren Erdatmosphäre verursachten, so daß sich hierin auch die Art des jahresperiodischen Erscheinens der Leuchtenden Nachtwolken zwanglos erklären ließe. Bemerkenswert ist an *Foerster*s Überlegungen weiterhin, daß er auf Grund der vorliegenden Beobachtungen auf die Anwesenheit von „Stoffsammlungen“ in der Nähe der Polarzone der jeweiligen Erdhemisphäre schließt.

Die bekannte jahresperiodische Häufigkeit der Leuchtenden Nachtwolken deutet *Foerster* wie folgt: „Wenn man sich jedoch den ganzen Verlauf der an sich zweifellosen Gegenwirkungen der stofflichen Erfüllung des Himmelsraumes gegen jene hohen Atmosphärenschichten, welche noch an der Bewegung der Erde um die Sonne und mehr oder minder unvollständig auch noch an der Drehung der Erde teilnehmen, vor Augen hält, so läßt sich, . . . , unschwer erkennen, daß in der Tat infolge der geneigten Lage der Erdachse ein erheblicher Teil jener Gegenwirkungen folgendermaßen in Erscheinung treten müßte. Vom Juni bis zum Dezember, und im September den stärksten Betrag erreichend, überwiegt ein Antrieb zu einer Wanderung jener oberen Schichten von der nördlichen nach der südlichen Erdhalbkugel hin, wogegen vom Dezember bis zum Juni ein im März seinen stärksten Betrag erreichender Antrieb entgegengesetzten Sinnes das Übergewicht hat.“ (*Foerster,* 1906; S. 58).

Seine Überlegungen, die jahresperiodische Häufigkeit der Leuchtenden Nachtwolken auf der Nord- bzw. Südhemisphäre unter Zuhilfenahme der Erfüllung des Himmelsraumes erklären zu können, führten *Foerster* zu der für seine Zeit außerordentlich wichtigen Einsicht, daß eine systematische Überwachung der Leuchtenden Nachtwolken unerläßlich ist; vermutete er doch, daß aus dem Studium der höheren Atmosphärenschichten Rückschlüsse auf die unteren gezogen werden können bzw. umgekehrt.

Mit Rücksicht auf die *Jesse*schen Vorstellungen ist noch der Hinweis von *Foerster* von Interesse, daß *Jesse* die damals zu beobachtende offensichtlich nachmitternächtliche Helligkeitsverstärkung der Leuchtenden Nachtwolken auch aus der Einwirkung dieser erwähnten Stofferfüllung des Himmelsraumes glaubte erklären zu können.

Die Problematik eines widerstehenden Mittels griff *Foerster* im Zusammenhang mit der Erörterung einer Arbeit von *Wegener* im Jahre 1911 nochmals auf. Dabei setzt sich *Foerster* besonders mit der Frage des Nachweises einer Änderung der Rotationsdauer der Erde auseinander, wobei er unter Hinweis auf seine früheren Vorstellungen darauf verweist, daß „aus dem bisherigen Mangel eines deutlichen Nachweises von Änderungen der Tageslänge kein entscheidendes Argument gegen die Annahme sehr erheblicher kosmischer Beeinflussungen der Bewegungszustände in den oberen Atmosphärenschichten entnommen werden kann." (*Foerster*, 1911; S. 333).

Versucht man aus der gegenwärtigen Sicht des Problems der Leuchtenden Nachtwolken eine Würdigung der *Jesse*schen und *Foerster*schen Gedanken durchzuführen, so muß zunächst die Kühnheit und Klarheit ihrer Gedanken konstatiert werden. Dies wird um so verständlicher, wenn die einzelnen Forschungs- und Arbeitsergebnisse dieser beiden Forscher betrachtet werden. Beide haben frühzeitig systematische Studien der Hochatmosphäre durchgeführt und zwar zu einem Zeitpunkt, als nirgendwo in diesem Umfang ähnliche Arbeiten bekannt wurden. Auf Grund der von ihnen erhaltenen Ergebnisse sowie unter Berücksichtigung der ihnen bekannten Erkenntnisse zur Physik der Hochatmosphäre haben sie versucht, eine allgemeingültige Theorie der Leuchtenden Nachtwolken darzustellen. Wenngleich ihnen dieses auf Grund ihrer damals beschränkten Erkenntnis der Physik und Chemie der Hochatmosphäre nicht möglich gewesen war, so muß doch hervorgehoben werden, daß viele, auch in der heutigen Zeit durchaus noch bedeutende Überlegungen, von *Foerster* und *Jesse* stammen. In diesem Zusammenhang ist besonders erwähnenswert, daß sich beide um die Einbeziehung der Leuchtenden Nachtwolken in die Frage der allgemeinen Zirkulation der Erdatmosphäre bemühten, wobei sie richtig erkannten, daß die systematische Beobachtung der Leuchtenden Nachtwolken Aufschlüsse über spezielle Vorgänge des atmosphärischen Geschehens in 80 km Höhe zu liefern vermögen. Weiterhin gültige Aussagen haben beide Forscher zu den Beobachtungsprogrammen, die sie als globale, d. h. die Nord- und Südhemisphäre umspannende Aufgabe verstanden, gemacht. Auch die Überlegungen hinsichtlich der möglichen Beteiligung extraterrestrischer Einflüsse, wie sie sich möglicherweise in der meteoritischen Substanz darstellen, müssen erwähnt werden.

Ihre Vorstellungen zur systematischen Überwachung der Leuchtenden Nachtwolken – damit der Hochatmosphäre überhaupt – sowie ihre vielfältigen Überlegungen über das Phänomen der Leuchtenden Nachtwolken reichen aus, um beiden Forschern einen Ehrenplatz in der Geschichte der Aeronomie zu sichern.[21]

[21] An dieser Stelle mögen einige Bemerkungen über die Studien von *Jesse* zum Polarlicht eingefügt werden. Wie kürzlich dargelegt (*Schröder*, 1974 b), müssen sowohl die Forschungen des Berliner Astronomen *Galle* als auch die von *Jesse* als bedeutend für das Problem der Höhenbestimmungen der Polarlichter angesehen werden. Wie kürzlich *Dandekar* (J. atmosph. terr. Phys. **36** (1974) 829) zeigen konnte, liegen zwar aus den vergangenen Dezennien verschiedene Überlegungen hinsichtlich der Methode, die Polarlichthöhen aus Einzelbeobachtungen zu bestimmen, vor; jedoch muß festgehalten werden, daß besonders die *Jesse*schen Arbeiten geeignet sind, entsprechende Bestimmungen von einem Ort aus vorzunehmen (*Jesse*, 1883, 1884 a). Interessant in diesem Zusammenhang ist auch, daß die ersten Photographien von Polarlichtern im Jahre 1892 mit Hilfe einer *Jesse*schen Kamera gelangen (*Baschin*, 1900), vgl. auch *W. Schröder*, J. atm. terr. Phys. **37** (1975), 375–376.

Von den in der deutschsprachigen Literatur publizierten Ansichten sind noch diejenigen, die *Alfred Wegener* (1880–1930) geäußert hat, erwähnenswert. *Wegener* war insbesondere mit den Erscheinungen der Hochatmosphäre dadurch in Berührung gekommen, daß er in seinen Arbeiten im Jahre 1911 den Begriff „Geocoronium" einführte; eines Gases, das leichter als Wasserstoff sein sollte und auf das er die Ausbildung der grünen Spektrallinie des Polarlichtes bei 5577Å zurückführte (1911, 1912). In einem Übersichtsartikel für „Gerlands Beiträge zur Geophysik" aus dem Jahre 1912 befaßte sich *Wegener* auch mit den Leuchtenden Nachtwolken (Abb. 2); Gedanken, die er in seinem Buch „Vorlesungen über Physik der Atmosphäre" (1912; 1935) wieder aufgriff.

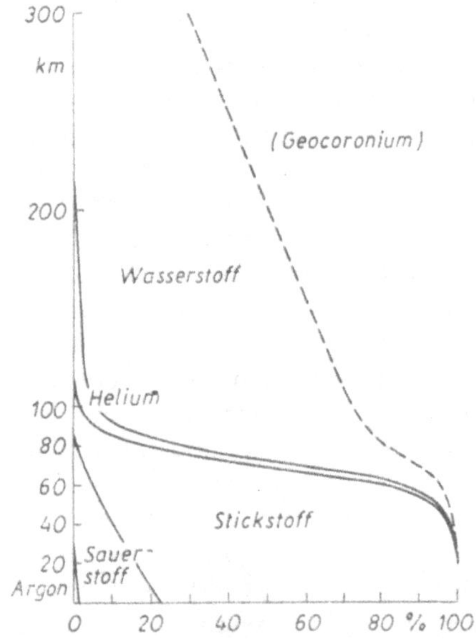

Abb. 2. Vermutete Zusammensetzung der oberen Luftschichten mit Hinweis auf das Geocoronium (nach *Wegener*, 1912)

Aufgrund seiner Betrachtungen zur Existenz des Geocoroniums war *Wegener* u. a. zu der Auffassung gelangt, „daß sich ein solcher Sprung in der Dichte bei etwa 70–80 km Höhe befindet, namentlich weil hier die Krakatau-Wolken ihr Aufsteigen beendet haben und weil zugleich diese Höhe ungefähr dieselbe ist, bis zu welcher noch diffuse Reflexion (des Lichtes) bemerkt wird" (*Wegener*, 1912; S. 105). Bei der Diskussion der Erscheinung der Leuchtenden Nachtwolken kam *Wegener* auch bereits zu der Auffassung, daß es sich bei dem Auftreten der Leuchtenden Nachtwolken nur um eine zufällige Beziehung zu dem

Krakatau-Ausbruch handeln könnte. Jedoch erscheint es zumindest um 1912 *Wegener* andererseits noch denkbar, daß im Zusammenhang mit dem Krakatau-Ausbruch eine starke Ansammlung von Wasserdampf in den Höhen, wo die Leuchtenden Nachtwolken auftreten, erfolgt sein könnte. Indessen betrachtet *Wegener* die Leuchtenden Nachtwolken zumindest als Indikator für die von ihm vermutete in etwa 80 km Höhe liegende Schichtgrenze.

Wegener hat später in zwei weiteren Publikationen Ausführungen über die Leuchtenden Nachtwolken vorgelegt. In seiner Arbeit über die Temperatur der Atmosphärenschichten (1925) kam er zu der Auffassung, daß die Teilchen der Leuchtenden Nachtwolken nicht als Vulkanasche aufzufassen seien; ebenfalls schloß er die schwefelige Säure, die auch vulkanischen Ausbrüchen entstammen müßte, aus. Vielmehr kam *Wegener* zu der Auffassung, daß „diese Wolken aus kondensiertem Wasserdampf in Eisform bestehen" (S. 404). Ferner nahm er an, daß der beobachtete auffällige Glanz der Leuchtenden Nachtwolken eine diffuse Haloerscheinung darstelle. Jedenfalls nahm *Wegener* an, daß die Leuchtenden Nachtwolken Eiswolken sind, die sich mit einer gewissen Regelmäßigkeit in dem Höhenbereich bei 80 km ausbilden. Diese Auffassung von *Wegener*, die Leuchtenden Nachtwolken als Kondensationsprodukte des normalen atmosphärischen Wasserdampfes in 80 km Höhe aufzufassen, findet sich, teilweise in modifizierter Form, auch in neueren Publikationen wieder.

Von den späteren Beiträgen zur Physik der Leuchtenden Nachtwolken müssen diejenigen von *W. Jardetzky* (1925) erwähnt werden; im Zusammenhang mit den Beobachtungen in den Jahren 1933 hat *Hartmann* auf mögliche Beziehungen zu den Vulkanausbrüchen in Südamerika verwiesen.

4.2. Zum Problem der Beziehungen zwischen kosmischen Staubeinbrüchen in die Hochatmosphäre und dem Auftreten der Leuchtenden Nachtwolken

Die Frage, ob kosmische Staubeinbrüche in die höhere Atmosphäre, manifestiert durch die permanenten Meteorströme, bei der Entstehung der Leuchtenden Nachtwolken mitwirken, ist bis in die heutige Zeit hinein letztlich unbeantwortet geblieben. Wir wollen deshalb nachfolgend einige Aspekte dieses vielfältigen Problemkreises der Wechselbeziehungen zwischen meteoritischer Substanz und Leuchtenden Nachtwolken darstellen.

Sehr rasch wurde unmittelbar nach dem Krakatau-Ausbruch im Jahre 1883 der Gedanke geäußert, daß sowohl die damaligen Dämmerungsphänomene, als auch die seit 1885 beobachteten Leuchtenden Nachtwolken hiermit in Verbindung stehen könnten. Die Grundvorstellung ging davon aus, daß die bei dem Vulkanausbruch emporgeschleuderte vulkanische Substanz zur Entstehung der Leuchtenden Nachtwolken beigetragen habe. Diese Vorstellung fand rasch Eingang in die damaligen Lehrbücher.

Dies wird auch deshalb verständlich, weil selbst *Jesse* – wenn auch in differenzierter Form – Beziehungen zwischen dem Krakatau-Ausbruch und den

Leuchtenden Nachtwolken annahm (*Jesse,* 1889). Die eben aufgezeigten, zumindest denkbaren Beziehungen schienen in der Folgezeit auch dadurch bestätigt zu werden. daß bei anderen Vulkanausbrüchen nicht nur auffallende Dämmerungsphänomene, sondern zur selben Zeit auch Leuchtende Nachtwolken gesehen wurden (vgl. hierzu auch: *Hartmann,* 1933). Gegen diese Hypothese, wonach zwischen Vulkanausbrüchen und den Leuchtenden Nachtwolken Beziehungen ursächlicher Art bestehen könnten, haben insbesondere *Stentzel* (1900) sowie *Malzev* (1925) Bedenken vorgetragen. Im Grunde zeigt sich, daß Leuchtende Nachtwolken auch dann auftreten, wenn bereits das Absinken der vulkanischen Materie festgestellt werden konnte.

Während also der Gedanke hinsichtlich der möglichen Beziehungen zwischen Vulkanausbrüchen und Leuchtenden Nachtwolken bereits frühzeitig auch durchaus kritisch beurteilt wurde, nahmen die Überlegungen hinsichtlich der möglichen Beteiligung kosmischer Staubeinbrüche einen anderen Weg, d. h., diese Vorstellung gilt auch bis heute als nicht widerlegt.

Als Ausgangspunkt für diese Betrachtungen muß ein zumindest für die damalige Zeit interessanter Beobachtungsbefund angenommen werden: So berichtete *Jesse* selbst, daß offensichtlich die Leuchtenden Nachtwolken in den Morgenstunden häufiger, zumindest jedoch heller schienen. Dieses Ergebnis legte zumindest die Vermutung nahe, eine Beziehung zu der als tägliche Variation bezeichneten Erscheinung des Meteorphänomens zu suchen. So findet sich auch bereits in dem 1896 erschienen Lehrbuch der kosmischen Physik die folgende Aussage: „. . . so besteht doch die Eigenthümlichkeit, dass nicht etwa um Mitternacht, also während der grössten Dunkelheit, ihre Leuchtkraft die intensivste ist, sondern während der frühen Morgenstunden. Es liegt hier der Gedanke nahe, dass dieser Erscheinung eine ähnliche Ursache zu Grunde liegt, wie dem stärkeren Auftreten der Meteoriten in den Morgenstunden, . . ., dass also die Stoffe, welche die leuchtenden Wolken bilden, ähnlich wie die Sternschnuppen, kosmischer Natur seien." (*Peters,* 1896: S. 747).

Die Diskussion um die Beteiligung kosmischer Teilchen an der Entstehung der Leuchtenden Nachtwolken bekam durch das in die Literatur als „Tunguska-Meteorit" eingegangene Phänomen vom 30. Juni 1908 neuen Antrieb. Da zu diesem Ereignis inzwischen eine kaum noch zu überblickende Literatur vorliegt, seien stellvertretend nur einige Beiträge sowjetischer Kenner erwähnt (*Vasil'ev* und *Fast,* 1970; *Fast* und *Vasil'ev,* 1972; *Fessenkov,* 1963; *Krinov,* 1960; *Tronov,* 1967), die in vielfältiger Weise die mit diesem Ereignis einhergehenden Aspekte behandeln.

Für das Problem der Leuchtenden Nachtwolken wurde das Ereignis vom 30. Juni 1908 deshalb interessant, weil sehr frühzeitig die Möglichkeit einer Beziehung beider Erscheinungen gesehen wurde (vgl. *Foerster,* 1908; *Vestine,* 1934; *Störmer,* 1935). Berücksichtigt man indessen zunächst einmal nur die deutschen Beobachtungsbefunde, so ergibt sich für die Nacht vom 30. 6. bis 1. 7. 1908, daß zwar Leuchtende Nachtwolken notiert wurden; da dies jedoch Ende Juni geschah, also zu einer Zeit des maximalen Auftretens dieses Phänomens, ergibt sich zunächst nichts Außergewöhnliches. Weiterhin zeigt sich, wenn die Beobachtungen von *Stentzel* (1909) beachtet werden, daß offensichtlich die atmosphärischen Erhellungen recht unterschiedlich beurteilt werden und erhebliche, subjektiv bedingte Veränderungen bei der Schilderung der tatsächlichen Vorkommnisse nicht mehr auszuschließen sind. Insoweit erscheinen die folgenden Ausführungen von *Stentzel* recht instruktiv: „Die mehrfach behauptete Plötzlichkeit der Erscheinung war in Wirklichkeit nicht in dem Maße vorhanden, das Phänomen bereitete sich vielmehr, wie aus der Tabelle leicht ersichtlich ist, bereits vom 22. Juni an vor. Noch weit weniger darf im Hinblick auf die Farbenspiele von einer Plötzlichkeit geredet werden; diese bestanden schon viele Wochen lang in sehr ähnlicher Weise ..." (*Stentzel*, 1909; S. 446). Beachtet man diese Ausführungen von *Stentzel* sowie die inzwischen vorgenommene Überprüfung der deutschen Beobachtungen vom

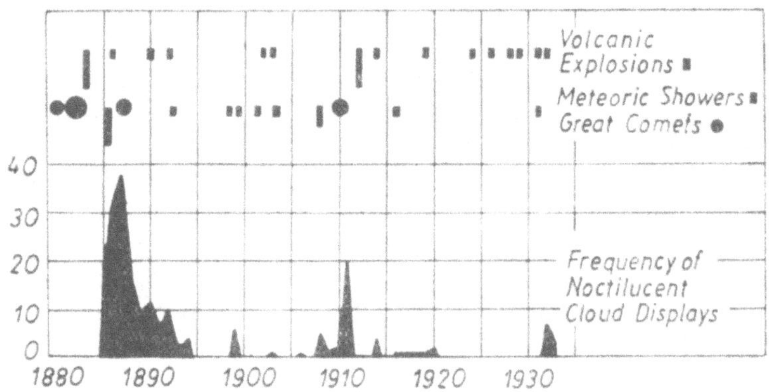

Abb. 3. Darstellung der jährlichen Häufigkeit der Leuchtenden Nachtwolken im Vergleich mit Vulkanausbrüchen, Kometen sowie Meteorströmen (nach *Vestine*, 1934)

30. 6. 1908, so ergibt sich zwar das Vorhandensein der Leuchtenden Nachtwolken; jedoch lassen sich keine Beziehungen kausaler Art zwischen dem Ereignis des 30. 6. 1908 und dem Auftreten der Leuchtenden Nachtwolken aufzeigen (vgl. hierzu: *Martin*, 1966; *Schröder*, 1972).[22]

Der Gedanke, daß kosmische Staubeinbrüche indessen bei dem Auftreten der Leuchtenden Nachtwolken mitwirken, wurde durch die Studien von *Vestine* im Jahre 1934 erneut belebt. Anläßlich einer Bearbeitung einer Nachtwolkenbeobachtung, die am 20.-21. 7. 1933 in Meankook, Alberta (Kanada) gelungen war, hat *Vestine* die ihm zugängliche Literatur über die Leuchtenden Nachtwolken aufgearbeitet. Dieser Arbeit von *Vestine* entstammt auch die Auffassung, die bis in die heutige Zeit zu beobachten ist, daß die Leuchtenden Nachtwolken nachmitternächtlich häufiger auftreten sollen. In seiner Betrach-

[22] Herrn Prof Dr. *M. Båth* verdanke ich wertvolle Hinweise zum Problemkreis.

tung über die Natur der Leuchtenden Nachtwolken kommt *Vestine* auch auf das bereits erwähnte Tunguska-Ereignis zu sprechen; dieses Zusammenfallen der Leuchtenden Nachtwolken sowie des Tunguska-Meteoriten vom 30. Juni 1908 veranlaßten *Vestine* dazu, einmal eine Gegenüberstellung der Nachtwolkenbeobachtungen der Jahre 1885–1933 mit den einhergehenden vulkanischen bzw. kosmischen Auffälligkeiten vorzunehmen (Abb. 3). Bei der Durchsicht fand *Vestine*, daß eben in der „Periode" verstärkter Nachtwolkenhäufigkeit auch „near cosmic appearances in the form of frequent meteor falls, meteoric showers and great comets of the past half century occurred." (*Vestine*, 1934; S. 311.) Im Ergebnis kommt *Vestine* zu der Schlußfolgerung, daß die kosmische Staubbeteiligung zumindest erwägbar ist; ein Gedanke, der auch von *Störmer* (1925, 1933, 1935) geteilt wurde. Wie bereits oben erwähnt, hatte *Störmer* sein Netz zur Polarlichtbeobachtung auch für die Überwachung der Leuchtenden Nachtwolken eingesetzt, so daß er mehrfach korrespondierende Messungen durchführen konnte. In seiner letzteren Arbeit schließt *Störmer:* „the occurence of noctilucent clouds after the great Sibirian meteor 1908, . . ., as an argument in favour of a cosmic origin of the clouds." (*Störmer*, 1935, S. 113). Bedenkt man noch, daß etwa zur selben Zeit auch *Hoffmeister* (1892 bis 1968) mehrere Arbeiten über das sog. verstärkte Nachthimmelleuchten veröffentlichte, wobei er in einem Buch (1937) auch nochmals die Frage, ob die Leuchtenden Nachtwolken als meteoritische Erscheinungsform zu sehen sind, behandelte, so wird leicht verständlich, daß die Überlegungen hinsichtlich der Beteiligung kosmischer Staubpartikeln an der Ausbildung der Leuchtenden Nachtwolken einen verbreiteten Platz in der Diskussion halten. Bei seinen späteren Studien über die Erscheinung des verstärkten Nachthimmelleuchtens hat *Hoffmeister* mehrfach (1951; 1952; 1960; 1961) auch das Problem der Leuchtenden Nachtwolken behandelt, wobei er insbesondere versuchte, plausible Annahmen vorzulegen, die eine Beziehung zwischen den kosmischen Staubeinbrüchen in die Hochatmosphäre und dem Auftreten der Leuchtenden Nachtwolken möglich erscheinen ließen. Die *Hoffmeister*schen Vorstellungen haben indessen später keine weitergehende Berücksichtigung in der internationalen Literatur gefunden.

Einen Fortschritt in der Diskussion brachten die Raketenmessungen, womit es zum ersten Male möglich wurde, die Bedingungen, unter denen die Leuchtenden Nachtwolken entstehen, „in situ" zu prüfen. Tatsächlich ließen bereits die ersten Aufstiege des Jahres 1964, die in Schweden vorgenommen wurden, die Vermutung aufkommen, als sei eine enge Beziehung zwischen kosmischem Staub und Leuchtenden Nachtwolken indiziert.

Aus den ersten elektronenmikroskopischen Analysen (vgl. hierzu: *Hemenway, Soberman, Witt*, 1964) folgte, daß nur schwach definierte Strukturen um die gefundenen Partikeln herum zu erkennen waren. Erst durch Bedampfung mit Chrom zeigten einige Teilchen einen Halo. Dieses Muster sollte die Folge einer Wechselbeeinflussung eines flüchtigen Materials (kosmischer Partikeln) sein. Die Partikeln zeigten Radien von etwa 0,05 μ bis 0,8 μ. Inzwischen jedoch wurde die ursprüngliche chemische Analyse von *Skrivanek* in redivierter Form vorgetragen. Nunmehr heißt es, daß die Hofteilchen verhältnismäßig viel Schwefel enthalten sollen. Ferner fand sich Silizium, und lediglich ein geringer Anteil wurde mit Eisen bzw. Kalzium angegeben.

Die ersten Ergebnisse aus dem Jahre 1964 haben sich indessen in der ursprünglichen Form nicht halten lassen. Dabei ist insbesondere zu beachten, daß natürlich zur Klärung der Frage, ob kosmische Staubpartikeln mitwirken, nicht ein Raketenschuß allein ausreicht; vielmehr müssen entsprechende Studien unter den verschiedenen Bedingungen durchgeführt werden (also z. B. bei An- und Abwesenheit der Wolken). Nach den ersten Ergebnissen des Jahres 1964 wurden weitere Raketenaufstiege von mehreren Arbeitsgruppen gestartet. Besonders interessant erscheinen dabei die subtilen Studien, die unter der Leitung von *H. Fechtig* vorgenommen wurden. Diese Staubsammelexperimente, wobei saubere Flächen von einer bestimmten Höhe ab der Atmosphäre ausgesetzt und schließlich im Labor auf aufgeprallte Teilchen hin untersucht werden (vgl.: *Feuerstein* und *Gerloff* (1968)) zeigten, daß die Zahl der kosmischen Staubteilchen in Erdnähe bislang wesentlich überschätzt wurden.

Den bisherigen Studien von *Fechtig* und seinen Mitarbeitern (vgl. hierzu: *Fechtig, Feuerstein, Gerloff* und *Weihrauch,* 1969; *Fechtig* und *Feuerstein,* 1970; *Fechtig, Feuerstein* und *Rauser,* 1971 sowie *Fechtig* 1971, 1972) ist zu entnehmen, daß die Frage der Beteiligung kosmischer Staubteilchen zwar durchaus denkbar, aber durch die Raketenmessungen keineswegs als gesichert erscheinen muß. In seiner Notiz (1972) faßt *Fechtig* nochmals die Ergebnisse dahingehend zusammen, daß im Höhenbereich zwischen 85 km und 90 km drei- bis fünfmal mehr Teilchen als in den umliegenden Schichten nachgewiesen werden konnten. Dies deutet *Fechtig* dahingehend, daß auf die Anwesenheit von Leuchtenden Nachtwolken geschlossen werden kann. Bei der Berücksichtigung des gemessenen Geschwindigkeitsprofils der Staubpartikeln kommt *Fechtig* zu dem Ergebnis, daß es sich bei den einfallenden Partikeln um Mikrometeoriten handeln könnte, bei denen sich in etwa 80 bis 90 km Höhe Wasser bzw. Eis anlagert. Infolge der sich hierdurch ändernden Gestalt der Partikeln kommt es auch zu Änderungen des Abbremsweges in der Atmosphäre, wobei der Eisbelag rasch unterhalb von 80 km verdampfen wird. *Fechtig* bemerkt noch, daß sich infolge des erörterten Verhaltens der Partikeln durchaus bei 85 km Höhe eine Staubschicht ausbilden könnte. Die Ausführungen von *Fechtig* sind im Ergebnis hoch interessant, wobei jedoch noch folgende Unklarheiten bestehen bleiben: Geht man einmal davon aus, so bleibt immer noch unerklärlich, weshalb es sich hierbei nicht um einen täglichen Vorgang der sommerlichen Mesopause der Nordhalbkugel handelt. Aus den Beobachtungsreihen der Nordhalbkugel ist wohlbekannt, daß an vielen klaren Tagen (Nächten) keinerlei Leuchtende Nachtwolken zu sehen sind; auch ergibt sich keine Periodizität in ihrem Tag-zu-Tag-Auftreten. Die Erklärung dafür, daß die Leuchtenden Nachtwolken in einer Nacht auftreten und in einer anderen nicht gesehen werden, kann offensichtlich nur wie folgt gefunden werden; einmal erscheint zumindest eine Variabilität des täglichen Meteorflusses möglich, andererseits hängt die Ausbildung der Nachtwolkenteilchen ab von den thermodynamischen Bedingungen der Mesopause, die wiederum extreme Änderungen zeigen kann, wie bisherige Raketenmessungen erkennen lassen (vgl. hierzu: *Theon* et al., 1967; 1969; *Witt* et al., 1965). Insoweit gewinnt der auch von *Hoffmeister* (1952) ausgesprochene Gedanke wieder an Bedeutung, wonach die Ausbildung der die Nachtwolken erst ermöglichenden Schichten abhängig ist vom Fehlen der Turbulenz im erwähnten Gebiet der Mesopause. Zumindest lassen die bisherigen Windmessungen von *Theon* et al. (1969) die Vermutung zu, daß zwischen der jeweils in der Mesopause herrschenden Windgeschwindigkeit und der Ausbildung der Leuchtenden Nachtwolken eine mögliche Beziehung besteht. *Theon* et. al. stützen sich bei ihren Ausführungen auf Raketenmessungen der Jahre 1963–1965 (Tab.).

Tabelle: Winde der Mesopause während der Anwesenheit und Abwesenheit von Leuchtenden Nachtwolken (*Theon*, 1969)

Datum	Windgeschwindigkeit (m/sec^{-1})	Leuchtende Nachtwolken
30. Juli 1963	31	Mäßige Nachtwolke
7. August 1964	36	Mäßige bis kräftige Wolke
16. August 1964	84	Schwache Wolke
17. August 1964	24	Mäßige Wolke
7. August 1965	29	Kräftige Wolke
2. August 1963	96	Keine Wolke
8. August 1963	165	Keine Wolke
9. August 1965	54	Keine Wolke

Hierzu führen *Theon* et al. insbesondere aus, daß in den Fällen, wo keine Leuchtenden Nachtwolken zu sehen waren, die Windgeschwindigkeit an der Mesopause mäßig bis kräftig gewesen sind (Abb. 4).

Ein weiterer Aspekt, der dem Problemkreis kosmische Staubpartikeln zuzuordnen ist, liegt in der möglichen Beteiligung der mikrometeoritischen Substanz. Hierzu hatte bereits *Hoffmeister* verschiedentlich Betrachtungen angestellt, wobei sich seine Studien zunächst auf das Phänomen des verstärkten Nachthimmelleuchtens richteten. Dabei konnte er insbesondere die geringe Häufigkeit der Leuchterscheinungen während der Sommermonate (Juni–August) erklären. Er zeigte, daß nur Teilchen, die sich in Ellipsen mit $a < 10$ – eigentlich sogar nur $a < 5$ – bewegen, zur Erklärung heranzuziehen sind. Somit würde auch verständlich, weshalb aktive Meteorströme keinen nennenswerten Beitrag zu liefern vermögen. Für die Perseiden ($a = 24{,}27$) findet sich kaum ein Einfluß, auch die Mai-Aquariden ($a = 17{,}94$) fallen kaum auf.

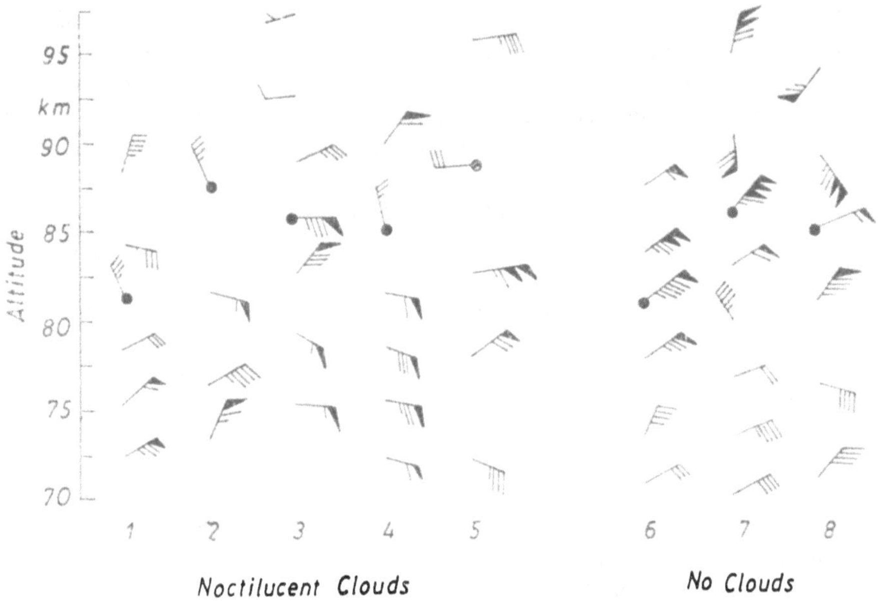

Abb. 4. Darstellung der horizontalen Windprofile nach Messungen bei An- und Abwesenheit von Leuchtenden Nachtwolken (nach *Theon, Smith* und *McGovern,* 1969)

Übertragen auf die Entstehung der Leuchtenden Nachtwolken, deren Partikeln als sehr klein anzunehmen sind, ergibt sich zumindest, wie auch neuerlich wieder bei *Fechtig* (1972) ausgeführt, daß insbesondere die Rate der mikrometeoritischen Substanz für die Entstehung der Leuchtenden Nachtwolken zu beachten ist.

Zu betrachten ist hierbei noch die Frage, welcher Mechanismus bei der Kumulation der Partikeln in der Mesopause zu beachten ist. Hierzu ergibt sich auf Grund des bisherigen Erfahrungsbildes die folgende, sehr vereinfachte Überlegung: Legt man einmal die von *Fechtig* gefundenen Fallgeschwindigkeiten, bei 110 km Höhe betrug sie 1,2 km/s und 200 m/s in 70 km Höhe, zugrunde, so kann man, als Erklärung einmal *Fechtigs* vorgetragene Deutung – Veränderung der Teilchen durch Wasser bzw. Eisanlagerung – ansetzen. Auszugehen wäre dann davon, wie auch bei *Fechtig* vermutet, daß es bei 85 km Höhe zur Ausbildung einer Staubschicht kommen kann; jedoch ist dieser Höhenbereich nicht genau identisch mit der bisher in der Regel aufgefundenen Höhe der Leuchtenden Nachtwolken zwischen 82–83 km.

Hier würde auch wieder die Beobachtung von *Theon* et al. zu bedenken sein, wonach eine mögliche Beziehung zwischen extremen Windgeschwindigkeiten der Mesopause und dem Nichtauftreten der Leuchtenden Nachtwolken bestehen würde. Es würde dies heißen, daß es zwar im Prinzip zu der von *Fechtig* für denkbar gehaltenen Staubschicht kommen könnte; diese würde jedoch in ihrer Existenz wiederum davon abhängig sein, daß im entsprechenden

Bereich keine Turbulenz bzw. extreme Windströmungen vorliegen. Somit würde sich, dies wurde auch schon früher ausgeführt (*Schröder*, 1967), die Ausbildung der Leuchtenden Nachtwolken als abhängig erweisen einmal von den entsprechenden thermischen Bedingungen der Mesopause (vgl. auch *Theon* et al., 1967) sowie den jeweiligen Windverhältnissen an der Mesopause (*Theon* et al., 1969).

Andererseits müssen naturgemäß bei solchen Überlegungen die physikalischen Bedingungen der Mikrometeorite besonders beachtet werden (*Hughes*, 1973; 1974; *Link*, 1973; *Rössler* und *Gulitz*, 1972; *Schröder*, 1971). Grob gesprochen bedeutet die bisherige Zusammenfassung von Messungen, daß zwar im Ergebnis meteoritische Anreicherungsschichten in Höhen von 90—100 km (*Link*, 1973) bzw. darunter angetroffen werden; jedoch sind bisher zu wenige Kenntnisse über die konkreten Bedingungen der physikalischen Prozesse beim Eindringen bzw. bei der möglichen Anreicherung der mikrometeoritischen Substanz in der Hochatmosphäre bekannt, als daß bereits weitergehende Konsequenzen gezogen werden könnten. Beispielsweise ist auch zu beachten, daß meteoritische Sekundäreffekte bisher von *Glöde* (1966) nicht berichtet wurden; zwar erscheint die Vorstellung von *Rössler* und *Gulitz* plausibel, daß sie das Nichterfassen von Teilchen oberhalb gewisser Geschwindigkeiten und Größen von *Fechtig* auf dessen Instrumentarium zurückführen. *Rössler* hatte bereits bei seinen Messungen des Jahres 1971 in der Höhe von 82,5 km ein ausgeprägtes Maximum der Streulichtintensität mit der Breite von 1-2 km festgestellt. Dabei zeigten die Rechnungen der Teilchendichte, daß nicht nur solche mit einem Radius von 0,1 bis 1μ, sondern vielmehr auch Aitkenkerne ($r \leqq 5000$ Å) zu berücksichtigen waren. In ihrer Arbeit (1972) berichten *Rössler* und *Gulitz* wiederum davon, daß sich die Leuchtenden Nachtwolken in 82 km Höhe als unten scharf begrenzte Schicht bemerkbar machten. Interessant ist hierbei, daß beide Autoren bei einem weiteren Aufstieg, der eine Stunde später stattfand, diese Schicht nicht mehr aufzeigen konnten. Hingegen wurde eine zweite, jedoch schwächere und diffusere Schicht in 86 km Höhe gefunden. In beiden Schichten wurden Teilchen mittlerer Größe aufgefunden. In der tieferliegenden, diffuseren Schicht wurden Aitkenkerne festgestellt. *Rössler* und *Gulitz* kommen auf Grund ihrer Beobachtungen zu der Erkenntnis, daß offenbar oberhalb von 85 km Höhe ein größeres Reservoir an Teilchen zur Verfügung steht, die für die Ausbildung der Leuchtenden Nachtwolken in Betracht kommen können.

Interessante Betrachtungen über die Leuchtenden Nachtwolken sowie den Problemkreis des kosmischen Staubes haben *Fiocco* und *Grams* (1971), *Kohl* (1972) sowie *Soberman* (1968) veröffentlicht. *Fiocco* und *Grams* haben bereits beispielsweise im Jahre 1969 bemerkenswerte Überlegungen auf Grund ihrer Laserscheinwerfermessungen der Hochatmosphäre geliefert.[23] Indessen muß

[23] Vgl. hierzu die zusammenfassende Darstellung von *G. Fiocco*: Utilisation de radars optiques pour determiner la composition, la temperature et les mouvements de l'atmosphere. ESRO SN-81 (1968).

hierbei beachtet werden, daß die von *Fiocco* und *Grams* angegebenen Anreicherungsschichten in 60–70 km Höhe keineswegs identisch sind mit der letztlich sehr eng begrenzten eigentlichen Höhenzone, in der die Leuchtenden Nachtwolken auftreten. *Fiocco* und *Grams* nehmen an, daß die sommerliche Mesopause in den höheren Breiten über hinreichend Material, das wiederum extraterrestrischen Ursprungs sein soll, verfügt.[23a]

Über die Anwesenheit von kosmischem Staub im Bereich der sommerlichen Mesopause liegen einige Studien von *Kohl* (1967, 1972) vor, der dieser Frage mit Hilfe der dämmerungsoptischen Methode nachging. *Kohl* fand aus seinen Meßreihen das Vorhandensein einer Staubschicht knapp oberhalb der Mesopause in den nördlichen Breiten; für den Winter liegt sie in größeren Höhen. Neben diesen Ergebnissen hat *Kohl* richtig auf die möglichen Konsequenzen aus seinen vorläufigen Ergebnissen sowie der nachgewiesenen geographischen Häufigkeit der Leuchtenden Nachtwolken (vgl. auch: *Astapovič* (1957; *Schröder*, 1974 c)) verwiesen. Auch die Annahme von *Kohl*, wonach die aufgefundene Staubansammlung oberhalb der Mesopause, die räumliche und zeitliche Unterschiede aufweist, möglicherweise durch einen extraterrestrischen Zufluß unterhalten wird, erscheint mit den Erkenntnissen anderer Arbeiten kompatibel.

Bei der Betrachtung dieser verschiedenen Arbeiten zum Problemkreis kosmischer Staub und Leuchtende Nachtwolken ergeben sich verschiedene Deutungsmöglichkeiten. Einerseits existiert die Vermutung, wonach kausal ein Zusammenhang zwischen kosmischen Staubpartikeln und Leuchtenden Nachtwolken besteht; die Leuchtenden Nachtwolken würden im Ergebnis als Staubschichten anzusehen sein, deren Ausbildung einmal abhängig ist vom Fehlen von Turbulenz im Mesopausenbereich sowie die Berücksichtigung des Strömungssystems der Hochatmosphäre involviert. Eine andere Deutung beinhaltet, daß die Partikeln, die zur Ausbildung der Leuchtenden Nachtwolken notwendig sind, zwar durchaus extraterrestrischer Natur sein können, sie jedoch nur als Kerne für den für die Sichtbarkeit notwendigen Kondensationsvorgang dienen. Es ergibt sich also ein Zusammenhang zwischen extraterrestrischen Partikeln einerseits und den thermodynamischen Bedingungen im Mesopausenbereich andererseits. Diese letztere Annahme führt jedoch schon über zu der Ansicht, wonach die Leuchtenden Nachtwolken wesentlich mehr mit den aufgefundenen Wassercluster zu tun haben als mit dem kosmischen Staub. Eine Lösung dieser Fragen wird durch weitere indirekte und direkte Messungen im Mesopausenbereich hinsichtlich des Verhaltens des kosmischen Staubes sowie von massenspektrometrischen Messungen hinsichtlich der cluster erhofft.

23a Vgl. zu den Arbeiten mit Satelliten neben der Studie von *Joseph* (1967) ferner *T. M. Donahue*, *B. Guenther* und *J. E. Blamont*, J. atmosph. Sci., **29** (1972) 1205 bis 1209 sowie *J. Hoppe*, Geod. Geoph. Veröff. R. II, H. 17 (1973).

4.3. Neuere Vorstellungen über die Leuchtenden Nachtwolken

Wenn wir von neueren Vorstellungen sprechen, so mag dies ein wenig irreführend sein, weil viele auch heute durchaus noch in der Diskussion befindliche Überlegungen auch aus der *Jesse*schen Zeit sowie unmittelbar danach herrühren. Mit neueren Vorstellungen wollen wir insbesondere die Überlegungen meinen, die im Zeitraum nach dem Internationalen Geophysikalischen Jahr bevorzugt diskutiert wurden. Wie bereits bei der Darstellung der zeitlichen Entwicklung der Diskussionsvorschläge über die Leuchtenden Nachtwolken gezeigt wurde, sind insbesondere in den letzten 10—15 Jahren infolge des instrumentellen Fortschritts sowie der damit einhergehenden Ausweitung des Wissens über die Struktur der Hochatmosphäre eine ganze Reihe von Erkenntnissen gelungen, die wiederum für die Leuchtenden Nachtwolken von Interesse sind.

Zu den markanten Resultaten und Fortschritten seit dem Internationalen Geophysikalischen Jahr gehören einmal die Verbesserungen in der systematischen Überwachung der Leuchtenden Nachtwolken, wodurch es gelang, genauere Kenntnisse zur Häufigkeit und Kinematik der Leuchtenden Nachtwolken zu erlangen. Sodann bedeuteten insbesondere die zahlreichen Raketenmessungen in der Hochatmosphäre sowie auch der Einsatz von Satelliten in der Meteorologie einen erheblichen Fortschritt bei der Erforschung dieser höheren Atmosphärenschichten. Infolge dieses zunehmenden Wissens haben in den letzten Jahren eine Reihe von Forschern, wie beispielsweise *Arnold* et al. (1968, 1971, 1972), *Bell* (1965), *Bellew* und *Silverman* (1966), *Betz* et al. (1971), *Borbely* (1972), *Bronsten* und *Grišin* (1970), *Chapman* und *Kendall* (1965), *Christie* (1969), *Chvostikov* und *Megrelisvili* (1970), *Deirmendjian* und *Vestine* (1961), *Ebel* (1973, 1974), *Faust* (1968, 1969) *Fechtig* et al. (1969, 1970, 1971, 1972), *Ferguson* (1971), *Fiocco* und *Grams* (1971), *Fogle* (1965, 1972), *Grasnick* (1969), *Groves* (1968), *Harrison* (1973), *Haurwitz* (1964, 1969), *Hemenway* et al. (1964), *Hesstvedt* (1961, 1967, 1969), *Hines* (1968), *Kohl* (1967, 1972), *Krankowsky* et. al. (1972, 1973, 1974), *Lauter* (1964), *Link* (1969, 1973), *Martynkevič* (1971), *Nestorov* (1972), *Nicolet* (1973), *Paton* (1964), *Pollermann* (1972), *Rössler* (1972, 1973), *Scherhag* (1959, 1965), *Schmitz* (1972), *Schwentek* (1968), *Scott* (1972, 1973), *Shimazaki* und *Laird* (1972), *Soberman* (1968), *Theon* et al. (1967, 1969, 1970), *Vasilyev* (1967), *Webb* (1965), *Witt* (1962, 1965, 1969), Veröffentlichungen vorgelegt, die geeignet erscheinen, das Phänomen der Leuchtenden Nachtwolken im Zusammenhang mit einer ganzen Reihe spezieller Untersuchungen der Hochatmosphäre sowie theoretischer Überlegungen besser verstehen zu helfen.

Nachfolgend sollen einige dieser Überlegungen kurz skizziert werden, wobei zugleich angemerkt werden soll, daß diese vielen Studien zweifellos unser Wissen über die Hochatmosphäre erheblich erweitert haben; zu einem vollen Verständnis der Leuchtenden Nachtwolken haben sie indessen nicht führen können.

Eine Schwierigkeit, die Leuchtenden Nachtwolken erklären zu können, lag für *Jesse* sowie seine Nachfolger darin, daß nur sehr begrenzte Kenntnisse über die Physik und Chemie der Hochatmosphäre verfügbar waren. Beispielsweise berichtete *Hann* (1903) davon, daß der Wasserstoff in 50 km Höhe schon $^1/_3$ der Menge des Sauerstoffs erreicht, während er in 100 km bereits N + O überwiegt; die Atmosphäre also aus $^9/_{10}$ Wasserstoff besteht. Auf Grund dieser Vorstellung lehnte *Hann* auch die Vorstellung von *J. Dewar* ab, der annahm, daß die Leuchtenden Nachtwolken als Kohlensäure-Wolken aufzufassen seien. Zu bereits sehr weitgehenden Resultaten über die thermische Struktur der Hochatmosphäre gelangte *Wegener* im Jahre 1925. Auf Grund der Existenz der Leuchtenden Nachtwolken kam er zu dem Ergebnis, daß einmal der obere Teil der Stickstoffsphäre eine Hochtroposphäre bilde, wobei die Temperatur mit der Höhe abnimmt. Weiterhin fand er, daß die Temperatur in 80 km Höhe etwa −100° bis −150 °C betragen müßte. Bedenkt man, daß neuere Raketenmessungen bei Anwesenheit von Leuchtenden Nachtwolken für die Mesopause Temperaturen von etwa −143 °C ergaben (vgl. auch: *Möller*, 1973)[24], so erscheinen diese Betrachtungen von *Wegener* als sehr beachtlich. Im Jahre 1935 hatte *Süring* in einem Übersichtsartikel über die Leuchtenden Nachtwolken die Auffassungen von *Wegener*, die auch *W. J. Humphrey* weitgehend akzeptiert hatte, referiert. *Süring* macht dabei auf die Entdeckung der Ozonschicht zwischen 25 und 35 km Höhe aufmerksam und bemerkt, daß oberhalb dieser Schicht eine zweite Troposphäre mit Konvektion bestehen muß bis zu jenen Höhen, „wo der Wärmeverlust durch Ausstrahlung gleich dem Wärmegewinn durch Strahlungsabsorption ist.“ (S. 557). Die Höhe einer Grenzschicht vermutete auch *Süring* bei etwa 80 km. Im Jahre 1938 brachte *Penndorf* einen weiteren Übersichtsartikel, der die Kenntnisse zur Physik der Atmosphäre beschrieb (Abb. 5.) Dabei ist zu bemerken, daß für die Höhen über 50 km eine Temperaturabnahme angenommen wurde, die insbesondere auf Grund von Ergebnissen der Ionosphärenforschung nahegelegt wurde; zugleich sollte auch in diesem Höhenbereich eine Durchmischung als Folge dieser Temperaturabnahme vorliegen.[25]

Durch den Einsatz von Raketen für die Erforschung der Hochatmosphäre gelang es, weitergehende Kenntnisse über die Struktur dieser Schichten zu erlangen. Bemerkenswert waren dabei die Befunde über die mittleren Temperaturverhältnisse im Winter und Sommer, die zeigten, daß es im Bereich um 80 km im Winter wesentlich wärmer als im Sommer ist (Abb. 6). Mit Hilfe der „Rocket Grenade Experiment“, bei denen im oberen Teil einer Raketenbahn aus der Rakete Granaten ausgestoßen werden, deren Explosionsschall vom Boden aus vermessen wurde (vgl. hierzu: *Faust*, 1968; *Theon* et al. 1970),

[24] *F. Möller*, Einführung in die Meteorologie; Band 2: Physik der Atmosphäre. Mannheim 1973.

[25] *R. Penndorf*, Die Zusammensetzung der Luft in der hohen Atmosphäre. Meteorol. Z. **55** (1938), 28–31.

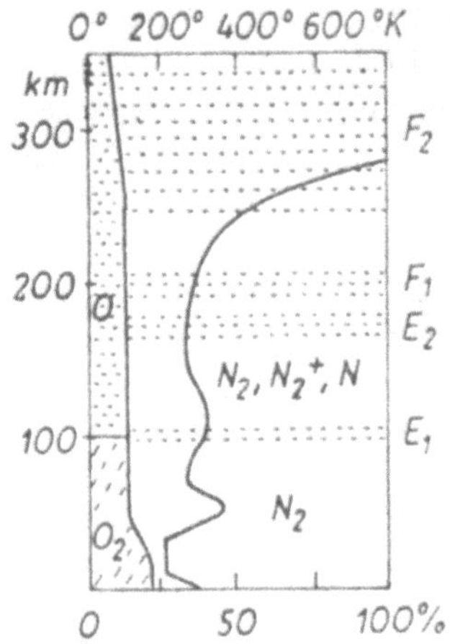

Abb. 5. Struktur und Zusammensetzung der Atmosphäre. (Angegeben sind in Prozenten die Luftzusammensetzung, der Zustand des Gases sowie der wahrscheinliche Temperaturverlauf (nach *Penndorf*, 1938)

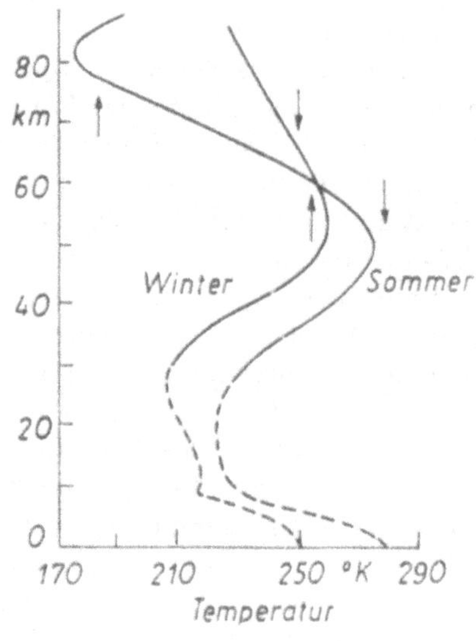

Abb. 6. Mittlere Temperaturverteilung während des Winters und Sommers über Fort Churchill; die Pfeile kennzeichnen die Vertikalbewegung (nach *Faust*, 1963)

konnten nähere Bestimmungen von Wind und Temperatur erlangt werden. Über die Ursachen dieser thermischen Schwankungen liegen in der Literatur unterschiedliche Meinungen vor; beispielsweise deutet *Faust* sie in Übereinstimmung mit den von ihm abgeleiteten Vertikalschwankungen, wobei er als weiteren möglichen Effekt annimmt, daß die absinkende Luft in größeren Höhen durch Strahlungsabsorption in einen energiereichen Zustand gelangt, und daß diese aufgenommene Energie in der Mesosphäre wieder abgegeben wird (*Faust*, 1968; *Kellogg*, 1961). Das Modell der meridionalen Zirkulation in der oberen Atmosphäre von *Faust* ist indessen nicht allein geblieben; als erste haben wohl *Kellogg* und *Schilling* auf Grund der ihnen im Jahre 1951 vorliegenden Raketenmessungen ein Zirkulationsschema bis 120 km Höhe vorgelegt. Dabei stützen sie ihre Überlegungen auf Betrachtungen der Strahlungsabsorption in der Vertikalen und längs eines Meridians sowie des Ozontransports. Die Bestimmung der Höhe der Isobarenflächen in 30 °N erfolgte auf Grund der mittleren Druck- und Temperaturverteilung mit der Höhe, wie sie aus den Raketenmessungen vorlag. Aus ihren Überlegungen folgte eine einheitliche Strö-

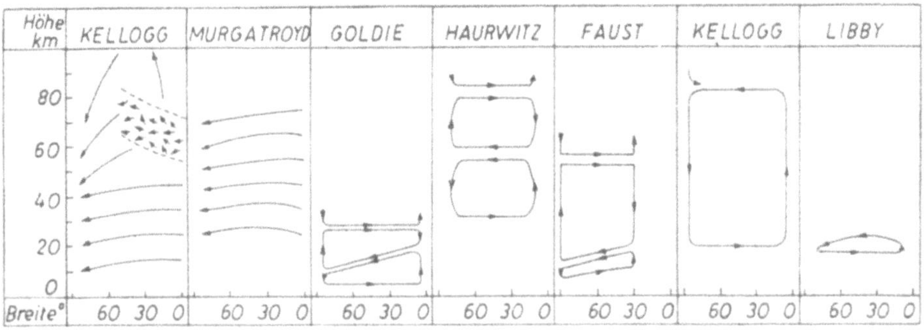

Abb. 7. Modelle der meridionalen Zirkulation in Strato- und Mesosphäre über der Nordhalbkugel im Winter; das Modell von *Libby* und *Palmer* stellt die mehrjährige mittlere Zirkulation dar (nach *Wilckens*, 1962)

mung im Höhenbereich zwischen 20 und 55 km vom Sommer- zum Winterpol, wobei die Luft über dem polaren Bereich im Sommer bis etwa 60 km aufsteigt und über dem Winterpol absinkt. Zwischen dem Sommer- zum Winterpol findet sich eine Zone wechselnder Windrichtungen. Die Umstellung des Zirkulationsmodells von *Kellogg* und *Schilling* soll insbesondere durch die Erwärmung bzw. Abkühlung der Ozonschicht verursacht werden. Einen sehr ausführlichen Entwurf zur meridionalen Zirkulation haben *Murgatroyd* und *Singleton* vorgelegt. Sie gehen davon aus, daß die Wärmequellen in der äquatorialen Troposphäre und in der Mesosphäre über dem Sommerpol, die Wärmesenken nahe der polaren Tropopause und über dem Winterpol der Mesosphäre sind. Auf Grund ihrer Betrachtungen finden sie, daß in der oberen Stratosphäre und Mesosphäre aufsteigende Luftbewegungen über der Sommerhalbkugel und absinkende über dem größten Bereich der Winterhalbkugel sind, wobei Maxima in höheren Breiten (Winter bei 70 km Höhe und 60°;

Sommer bei 65 km und 90°) liegen. Vom Sommer- zum Winterpol werden ein starker Massenfluß und ein schwach ausgeprägtes Strömungsfeld aufgezeigt. Bei der Diskussion dieser Modelle von *Faust, Kellogg, Schilling, Murgatroyd* und *Singleton* hat insbesondere *Wilckens* (1962) zeigen können, daß auf Grund der vielen offenen Fragen diese Zirkulationsmodelle insgesamt mit besonderen Unsicherheiten behaftet sind; indessen lassen eine ganze Reihe von Einzelbeobachtungen erkennen, daß insbesondere der Ansatz von *Murgatroyd* und *Singleton* erfolgversprechend ist (Abb. 7).

Im Jahre 1963 führten *Witt* und Mitarbeiter (1965) in den Monaten Juli und August Raketenmessungen von Kronograd (66 °N, 19 °E) aus. Sie verfolgten damit das Ziel, die Bedingungen, die während der Anwesenheit sowie der Abwesenheit von Leuchtenden Nachtwolken im Bereich der Mesopause herrschen,

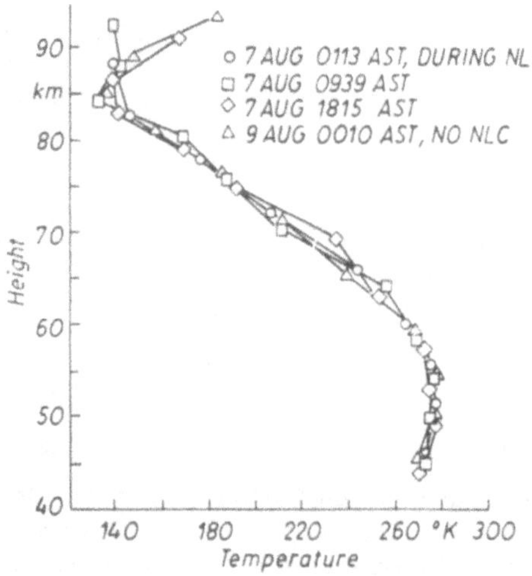

Abb. 8. Temperaturen im Sommer 1965 nach Messungen in Barrow (nach *Theon, Nordberg, Katchen* und *Horvath*, 1967)

zu erfassen. Diese Kampagne ergab, daß in zwei Fällen extrem niedere Temperaturen erfaßt wurden. Bei der Messung vom 30. Juli 1963 fand sich bei Anwesenheit der Leuchtenden Nachtwolken ein Wert zu $T_{min} = 133$°K bei 84,4 km; am 7. August 1963 bei Abwesenheit der Leuchtenden Nachtwolken ergab sich $T_{min} = 140$ °K für 86 km. Weiterhin wurde von bemerkenswerten Tag-zu-Tag-Variationen der Temperaturen berichtet, wobei ferner verstärkte Windgeschwindigkeiten von Ost nach West im 90-km-Bereich indiziert waren. Diese ersten Messungen von *Witt* et al. wurden durch sehr umfassende amerikanische Meßreihen fortgesetzt. Im Jahre 1967 berichteten *Theon* et al. über ihre Temperaturmessungen im Bereich der Leuchtenden Nachtwolken, die sie während der Jahre 1963 bis 1965 erhalten hatten (Abb. 8). Aus ihren Untersuchungen folgte, daß offenbar nur geringe Temperaturdifferenzen zwischen den Zeitpunkten der An- bzw. Abwesenheit der Leuchtenden Nachtwolken vorlagen. Dies führte die Autoren auch zu der Auffassung, daß die aufgefundenen tiefen mesosphärischen Temperaturen zwar eine notwendige, keineswegs jedoch hinreichende Bedingung für die Ausbildung der Leuchtenden Nachtwolken sind. Insoweit konnte auf Grund dieser Erkenntnisse wiederum die besondere Rolle des Wasserdampfes betont werden, dessen Herkunft sich offensichtlich nur aus der mesosphärischen Zirkulation sowie insbesondere den Wechselbeziehungen der Atmosphärenschichten untereinander erklären läßt.

Daß offenbar bestimmte Kopplungsbeziehungen der Atmosphärenschichten untereinander bestehen, hatten bereits die subtilen Arbeiten von *Lauter* (1964) gezeigt. In diesem Zusammenhang muß auch die Arbeit von *Grasnick* (1969) Erwähnung finden. Hierin hatte *Grasnick* unter Hinzunahme der Messungen des Ozongehalts während der Zeiten stratosphärischer Erwärmungen sowie der meteorologischen Daten der 5-mbar-Fläche Betrachtungen angestellt und war zu dem Ergebnis gekommen, daß zwar kein strenger Zusammenhang zwischen den Temperatur- und den Strömungsverhältnissen der Stratosphäre mit den Anomalien des Ozongehalts besteht. Indessen fand *Grasnick* in allen von ihm untersuchten Fällen eine Koinzidenz zwischen den Anomalien der ionosphärischen Drift in 95 km Höhe sowie den Anomalien des totalen Ozongehalts. Diese Untersuchungen von *Lauter, Grasnick, Faust* sowie weiteren Autoren lassen die multifaktoriellen Beziehungen der Atmosphärenschichten untereinander sehr schön erkennen (Abb. 9).

Für die Leuchtenden Nachtwolken gewinnen diese Betrachtungen dadurch an Bedeutung, weil auch im Bereich der großräumigen Zirkulation Veränderungen beobachtet werden, die wiederum für die jahresperiodische Häufigkeit der Leuchtenden Nachtwolken interessant sind (*Schröder*, 1968). *Theon* und *Smith* hatten während der Periode September 1968 bis Februar 1969 zwölf

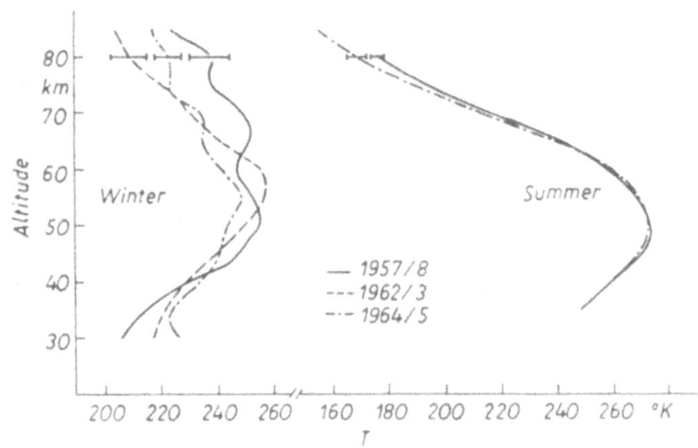

Abb. 9. Variationen des mittleren Temperaturprofils während des Sonnenfleckenmaximums und -minimums (Ft. Churchill, 59° N) (nach *Groves*, 1968)

Granatenexperimente im Rahmen des „Meteorological Sounding Rocket Program“ durchgeführt. Sie fanden dabei, daß die durchschnittliche Temperatur der sommerlichen Stratopause 280 °K, der winterlichen hingegen 240 °K betrug. Für die sommerliche Mesopause fand sich 142 °K, die somit nahezu 80 °K kälter als die winterliche ist. Während sich für die sommerlichen Zeiten nur begrenzte Temperaturvariationen zeigen, fand sich der winterliche Temperaturwechsel zu 30—40 °K h^{-1}. Interessant an diesen Messungen von *Theon* und *Smith* ist weiter, daß sie bei ihren Messungen keine Anzeichen einer wellenähnlichen Struktur für die sommerliche Mesosphäre fanden; insoweit scheint das Vorliegen einer solchen Struktur auf den Zustand einer winterlichen Mesosphäre hinzudeuten.

Ferner fanden *Theon* und *Smith,* daß sich die großräumigen mesosphärischen Umstellungen, also der Übergang auf die winterlichen Verhältnisse, im September bei etwa 75 km Höhe beobachten lassen, wobei bereits im November von typischen winterlichen Zuständen gesprochen werden kann. Die winterlichen Verhältnisse werden hingegen bereits durch Erwärmungen im Januar im Bereich der Stratopause unterbrochen.

Diese von *Theon* und *Smith* beschriebenen jahresperiodischen Variationen sind auch auf Grund langjähriger ionosphärischer Beobachtungsreihen bekannt (vgl. *Lauter* und *Sprenger,* 1967). So konnte auch *Lauter*[25a] zeigen, daß aus Absorptions- und Phasenhöhenmessungen sich ausgeprägte jahreszeitliche Anomalien im Plasmazustand der D-Region aufzeigen lassen. Hinsichtlich des Jahresganges der sommerlichen exzessiven Absorption berichten *Lauter* und *Sprenger* davon, daß die sommerlichen Konditionen Ende April beginnen und während der Monate Juni bis September ihre Ausprägung erfahren, während sie erst Anfang November wieder als abgeklungen anzusehen sind. Insoweit weisen beide Autoren zu Recht darauf hin, daß hier im Bereich der oberen Stratosphäre und unteren Mesosphäre eine Art sommerliches Nachhinken vorliegt, wie es auch aus meteorologischen Prozessen der Atmosphäre wohlbekannt ist (*Lauter* und *Sprenger,* 1967). Von Interesse sind auch die Hinweise auf die Phasenlage der halbtagsperiodischen Driftkomponente; hierzu bemerken *Lauter* und *Sprenger*: „Diese Phasenlage ist bekanntlich abhängig vom thermischen Aufbau der Strato- und Mesosphäre, und so kann man folgern, daß die beobachteten abrupten Phasenänderungen Ende März und Ende Oktober grundsätzliche thermische Umstrukturierungen im Höhenbereich zwischen 50 und 90 km widerspiegeln“ (S. 300). Zieht man diesen Bemerkungen von *Theon* und *Smith* sowie *Lauter* und *Sprenger* zu den jahresperiodischen Umstellungen noch die Beobachtungen der niederen Atmosphärenschichten hinzu (vgl. z. B.: *Bell,* 1965; *Borbely,* 1972; *Ebel,* 1973, 1974; *Faust,* 1968; *Murgatroyd,* 1957; *Nestorov,* 1972; *Scherhag,* 1959, 1962 und *Schwentek,* 1968), so zeigt sich, daß jeweils im Frühjahr bzw. Herbst in der Tat großräumige ther-

[25a] *Zusatz bei Korrektur:* Hierzu grundsätzlich *E. A. Lauter,* Mesopheric Properties as seen from D-Region Electron Density Behaviour, Z. Meteorol. **24** (1974), 65—79.

mische Strukturänderungen eintreten, die wiederum auch für die Erklärung der jahresperiodischen Häufigkeit der Leuchtenden Nachtwolken von Interesse sind.

Aus den langjährigen englischen Beobachtungen (*Paton*, 1964) ist wohlbekannt, daß dort niemals im Winter Leuchtende Nachtwolken beobachtet wurden.[26] Dies läßt sich auch anhand der seit 1957 laufenden Rönnebecker Reihe bestätigen; ebenfalls haben bisher die polnischen Daten (*Kosibowa*, 1972) keine Beobachtungen der Wintermonate gezeigt. Hinzu kommt, daß auch der amerikanische Kenner *Fogle* für die Wintermonate nicht von dem Auftreten der Leuchtenden Nachtwolken spricht; hieraus folgt, daß die Leuchtenden Nachtwolken auf der Nordhemisphäre tatsächlich nur während der Sommermonate zu sehen sind bzw. festgestellt wurden. Von diesen langjährigen Beobachtungsreihen heben sich Einzelbeobachtungen aus den Wintermonaten ab. Hierbei ist zu bemerken, daß auch in den Jahren nach 1885 gelegentlich im damaligen deutschen Schrifttum Winterbeobachtungen gemeldet wurden (vgl. z. B.: *Stentzel*, 1900); indessen zeigte deren Überprüfung, daß es sich hierbei nicht um Leuchtende Nachtwolken handelte. (*Stentzel* hatte übrigens selbst den Unterschied zwischen den Leuchtenden Nachtwolken sowie den sonst

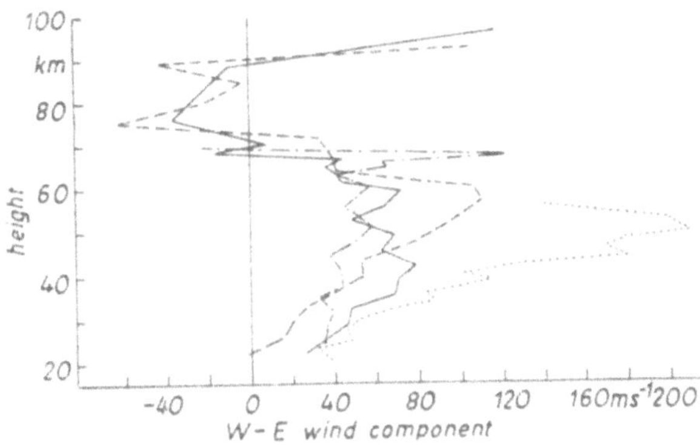

Abb. 10. Windprofil nach Messungen in Esrange, Schweden: —, 17.; ···· 19., -·-·- 23., und ---- 25. Januar 1969 (nach *Scott*, 1972)

gelegentlich zu beobachtenden „helleren Wolken“ am winterlichen Himmel betont.)

In der Vergangenheit haben indessen sowjetische Beobachter von Nachtwolkenbeobachtungen sowohl aus den Wintermonaten als auch der Monate März sowie September-November berichtet. Hier würde man sich eine ge-

26 J. *Paton* hat mehrfach ausdrücklich betont, daß er niemals im Laufe seiner Beobachtungen seit 1939 während der Wintermonate Leuchtende Nachtwolken gesehen hat; für England gibt er in der Regel eine begrenzte Häufigkeitsperiode für die Monate Mai—Anfang August an.

naue Überprüfung durch einen sowjetischen Kenner wünschen, um die Frage der Realität solcher Daten zu prüfen. Eine weitere Winterbeobachtung meldete *Hamilton* (vgl. *Scott*, 1973) (Abb. 10).

Eben diese Einzelbeobachtung von *Hamilton* als auch zwei weitere sowjetische Daten diskutiert *Scott*, wobei er davon ausgeht, daß „mid-winter observations of noctilucent clouds have been shown to correlate with record temperature and wind-observations in the stratosphere" (S. 9). Während der Arbeitsansatz von *Scott* als durchaus fruchtbringend angesehen werden muß, weil Leuchtende Nachtwolken im Winter als Indikator für niedrige Mesopausentemperaturen zu betrachten sind, zeigt sich indessen, daß die Beobachtung von *Hamilton* sicher keine Leuchtende Nachtwolke darstellte. Insbesondere ist zu bemerken, daß beispielsweise in der von *Hamilton* benannten Nacht ein klarer Himmel herrschte und von anderen englischen Stationen keinerlei positiver Befund über eine Leuchtende Nachtwolke gemeldet wurde. Insoweit beurteilte auch *Paton*[27] diese Beobachtung als mehr als zweifelhaft, so daß davon ausgegangen werden kann, daß es sich bei dem von *Hamilton* gemeldeten Objekt um eine andere Erscheinung gehandelt haben muß.

Bei Berücksichtigung dieses Tatbestandes ist also davon auszugehen, daß, wie bereits erwähnt, Beobachtungen von Leuchtenden Nachtwolken während der Wintermonate hinsichtlich ihrer Bedeutung als Indikator für mesophärische Temperatur überaus nützlich sein würden; jedoch auf Grund des umfangreichen amerikanischen-, englischen- und Rönnebecker Materials von einem tatsächlichen Auftreten der Leuchtenden Nachtwolken während der Wintermonate auf der Nordhalbkugel nicht gesprochen werden kann.

In diesem Zusammenhang mag auch der Hinweis von Interesse sein, daß es sich bei den Beobachtungen, die *Pittwell* in Äthiopien erhielt (vgl. hierzu: *Chapman* und *Kendall*, 1965) ebenfalls nicht um Leuchtende Nachtwolken handelte; es waren lediglich Purpurlichter. Insoweit fällt also auch diese Beobachtung aus niederen Breiten (8^0N) fort.

Auf der Grundlage dieser Einzelbemerkungen ist davon auszugehen, daß die Leuchtenden Nachtwolken auf der Nordhalbkugel in einem bestimmten, zeitlich begrenzten Bereich auftreten (*Paton*, 1964). Hiervon erscheinen kleinere zeitliche Abweichungen durchaus denkbar; indessen ergibt sich für die jahresperiodische Häufigkeit der Leuchtenden Nachtwolken ein Verlauf, der im Ergebnis gleichzeitig mit der Zirkulationsumstellung in dem Bereich der D-Schicht einhergehenden Änderungen im Frühjahr, insgesamt Beziehungen zu der großräumigen mesosphärischen Zirkulation nahelegt; eine Tatsache, die von besonderer Bedeutung für die Erforschung der Dynamik der oberen Mesosphäre und unteren Thermosphäre ist (vgl. hierzu: *Ebel*, 1974; *Lauter*, 1964).

Anhand der Daten der Leuchtenden Nachtwolken ergibt sich, daß Schwankungen im Termin des Beginns der Sommerzirkulation festgestellt werden,

[27] Ich bin Herrn Prof. *Paton* für Hinweise sehr dankbar.

die parallel mit den entsprechenden aus dem Windfeld ermittelten Schwankungen laufen. Hinsichtlich der Zirkulationsumstellungen fand *Faust* (1968) aus der Bearbeitung der ihm verfügbaren Raketendaten, daß sich für den Herbst nur sehr eng begrenzte Terminschwankungen ergaben; aus seinen Resultaten fand er weiter, daß sich für die Existenz einer 2,2jährigen Periode im Termin der Herbstumstellung kein Anhalt findet. Hingegen glaubt er auf Grund seiner Daten die 2,2jährige Periode in den Terminen der unteren Frühlingsumstellung aufzeigen zu können. Die Ergebnisse von *Faust* gelten für den Mesosphärenbereich 50–60 km Höhe.

Interessant an diesen Vergleichen zwischen den Umstellungsterminen und der Häufigkeit der Leuchtenden Nachtwolken ist, daß somit die Leuchtenden Nachtwolken auch als Indikator für die mesosphärische Zirkulation aufzufassen sind. Aus den Beobachtungen der Leuchtenden Nachtwolken folgt, daß sich im Frühjahr Terminschwankungen in ihrem ersten Auftreten finden lassen; sie hingegen im Herbst zu einem nahezu konstanten Zeitraum verschwinden. Bemerkenswert ist hierbei noch, daß die letzten Beobachtungen von Leuchtenden Nachtwolken fast genau mit dem Datum der ersten Bildung des Polarwirbels übereinstimmen (*Scherhag*, 1969).

Somit ergibt sich also. daß die Leuchtenden Nachtwolken offenbar nur dann richtig in das globale atmosphärische Erscheinungsbild eingeordnet werden können, wenn auch die übrigen Bedingungen dieses atmosphärischen Geschehens erfaßt werden; dies ist jedoch immer noch nicht der Fall (vgl. etwa hierzu: *Ebel*, 1974; *Faust*, 1968; *Lauter*, 1964; *Murgatroyd*, 1957).

Die erwähnten, recht begrenzten Kenntnisse der Mesosphäre sind auch als Ursache dafür anzusehen, daß gegenwärtig keine befriedigende und umfassende Erklärung der Leuchtenden Nachtwolken vorliegt. Insbesondere *Hesstvedt* (1697, 1969) hat zu Recht auf diese mangelhaften Erkenntnisse verwiesen. Insoweit ist es also nicht überraschend, daß auch in der gegenwärtigen Literatur viele Hypothesen sich dem Begriff „Staub- und/oder Eishypothese" unterordnen lassen. Damit ist gemeint, daß die Leuchtenden Nachtwolken einmal möglicherweise dadurch erklärt werden können, daß sie aus kosmischem Staub, der irgendwie zu ihrer Ausbildung führt, bestehen; andererseits beinhaltet dies, daß die Leuchtenden Nachtwolken als aus Eis oder Staubpartikeln, die mit einer Eisschicht umgeben sind, bestehen. Hierzu hat insbesondere *Hesstvedt* (1969) einige interessante Überlegungen publiziert.

Während in neueren Arbeiten beispielsweise *Chapman* und *Kendall* (1965) vermuteten, daß sich der kosmische Staub an der Mesopause durch plötzliches Absinken einer anfangs hochgelegenen Turbulenzgrenze konzentriert und vereist, vermutete *Webb* (1965), daß eine in etwa 60 km Höhe angezeigte sommerliche Strömung in höheren Breiten in die eigentliche Nachtwolkenzone aufsteigen soll, wodurch insbesondere die Sinkgeschwindigkeit des einfallenden kosmischen Staubes verlangsamt sowie auch die für die Eisbildung erforderliche Feuchtigkeit eingebracht werden würde.

Neben *Chapman* und *Kendall, Paton, Webb* haben beispielsweise *Grišin*

(1936), *Martynkevič* (1972) sowie insbesondere *Witt* (1969) sowie die speziellen Untersuchungen von *Krankowsky* und Mitarbeitern weitere Ergebnisse geliefert, wodurch neuere Diskussionen zur Natur der Leuchtenden Nachtwolken möglich erscheinen. So berücksichtigt *Grišin* beispielsweise die Rolle des Ozons, indem er darauf verweist, daß die paramagnetischen Eigenschaften von Ozon oder O_4, O_5..., bei tiefen Temperaturen wirksam werden können. Er nimmt an, daß sich die Moleküle $O_3(O_4, O_5, \ldots)$ durch elektrostatische Anziehung um ionisierte Atome oder Moleküle gruppieren; hierbei werden O_3-Kolonien in der Größenordnung 10^{-7} cm gebildet. Sie sollen sich dann auf festen Zerfallsteilchen bzw. Trümmern des Meteorstaubs lagern, wodurch dann Wolkenteilchen von 10^{-5} bis 10^{-4} cm entstehen. *Grišin* glaubt auch diese Vorstellung dadurch bestätigt zu sehen, daß Beobachtungen ergeben haben sollen, daß insbesondere dann helle und auffällige Leuchtende Nachtwolken auftraten, wenn auch die Ausbildung der sporadischen *E*-Schicht sowie der oberen und unteren Atmosphärenschichten konstatiert wird. Wenngleich *Grišin* meint, mit seinem Entwurf eine Reihe von Faktoren der Leuchtenden Nachtwolken erklären zu können, so betont er auch, daß insbesondere weitere Beobachtungen sowie die Einbeziehung der Vielfalt von bisherigen Hypothesen zu einer definitiven Erklärung dieses Phänomens führen können (1967). Im Jahre 1969 hat *Witt* die Diskussion um die Natur der Leuchtenden Nachtwolken dadurch bereichert, daß er darauf hinwies, daß z. B. Metallionen bzw. deren Hydrate oder aber Hydrationen in der Form $H^+(H_2O)_n$ als Kondensationskeime zu berücksichtigen seien. Die Vorstellung von *Witt* fiel zusammen mit den systematischen massenspektrometrischen Untersuchungen.

Witts Vorstellung würde zu der Auffassung führen, daß die Wassercluster-Ionen eine Voraussetzung zur Bildung der Leuchtenden Nachtwolken bilden. Es würden sich also Eiskristalle an die Cluster ansetzen, die wiederum hinreichend streuen und die Wolken sichtbar machen würden. Es würde bei Berücksichtigung der Ergebnisse von *Rössler* und *Gulitz* (1972) folgen, daß der Bereich oberhalb von 35 km Höhe als Reservoir von Aitkenkernen dienen würde.

Der Gedanke, photochemisch gebildete Ionen, wie z. B. NO^+, NO_2^+ sowie H_3O^+, als Ausgangspunkt für die Bildung der Leuchtenden Nachtwolken heranzuziehen, hat etwas Bestechendes für sich, so daß auch gegenwärtig in der Literatur häufig die Meinung vertreten wird, insbesondere durch umfassendere massenspektrometrische Messungen der Mesopause näheren Aufschluß zu erhalten und eine entsprechend abgesicherte Theorie abzuleiten. Dabei ergibt sich, daß massenspektrometrische Untersuchungen ein allgemeines Interesse beanspruchen können[28], wobei insbesondere auch die Rolle der Hydrationen oder Wassercluster zu beachten ist. Fortschritte bei diesen Messungen,

[28] Die grundlegenden Arbeiten von *Narcisi* und *Bailey* erschienen 1965 (Mass spectrometric measurements of positive ions at altitudes from 64 to 112 kilometers; J. geophys. Res. **70**, S. 3687).

die geeignet erscheinen, auch die Leuchtenden Nachtwolken besser zu verstehen, werden insbesondere Arbeiten von *Arnold* et al. (1968, 1971, 1972) sowie *Krankowsky* et al. (1972, 1973, 1974) sowie *Ferguson* (1971) verdankt. Insbesondere den Arbeiten von *Krankowsky* et al. ist zu entnehmen, daß der Clusterionenaufbau bei den aufgefundenen tiefen Temperaturen wesentlich rascher verläuft, als bisherige Laboruntersuchungen nahelegten. Die neueren Studien von *Krankowsky*[29] legen ferner nahe, daß sich erhebliche Unterschiede vom rein photochemischen Modellprofil ergeben, wobei sich weiterhin ergibt, daß im Bereich der oberen Mesosphäre und unteren Thermosphäre offensichtlich stark turbulente Transporte entstehen. Sehr konkrete Studien bei Anwesenheit von Leuchtenden Nachtwolken wurden im Jahre 1970 durchgeführt. Es wurden dabei während eines Aufstiegs am 13. 8. 1970 NO^+ und O_2^+ als Hauptteil der Ionen zwischen 75 und 114 km Höhe gefunden. Außer Metallionen (Na^+, Mg^+ und Fe^+) wurden die Wasserclusterionen ($M^+(H_2O)$, $H^+ (H_2O)_2$ und $H^+(HO)_3$) im Bereich 80 und 90 km gefunden. Kürzlich hat insbesondere *Pollermann* (1972) in einer sehr interessanten Darstellung die möglichen Beziehungen zwischen den Ergebnissen massenspektrometrischer Messungen sowie den Leuchtenden Nachtwolken diskutiert. Dabei gelangt er zu dem Ergebnis, daß es als wahrscheinlich anzunehmen ist, daß die Wasserclusterionen als Kondensationskeime für die Leuchtenden Nachtwolken in Betracht kommen (vgl. auch *Rössler* und *Gulitz,* 1972; *Witt,* 1969). Für Leuchtende Nachtwolken sowie für Wasserclusterionen sind tiefe Temperaturen sowie hohe Wasserkonzentration gleichermaßen günstig.

Die bemerkenswert interessanten Untersuchungen von *Krankowsky* et al., *Rössler* und *Gulitz, Pollermann* sowie *Witt* scheinen zumindest den Weg für eine neue Betrachtungsweise hinsichtlich der Entstehung der Leuchtenden Nachtwolken zu eröffnen. Sicherlich wird man beachten müssen, wie dies auch *Pollermann* tat, daß der Nachweis eines Kausalzusammenhanges zwischen Hydrationen und Leuchtenden Nachtwolken nur schwierig nachzuweisen ist, da dies insbesondere auch ein genaues Verständnis der gesamten wirksamen Prozesse im Mesopausenbereich voraussetzt. Andererseits dürfen sicherlich weitergehende Erkenntnisse von den massenspektrometrischen Messungen für die Zukunft erwartet werden, zumal auch *Krankowsky* hierzu durchaus eine günstige Prognose macht.

Neben der als geradezu elementar zu bezeichnenden Frage nach der Natur der die Leuchtenden Nachtwolken verursachenden Partikeln, ergeben sich einige weitere Spezialprobleme, die auf Grund verschiedener Beobachtungen aktuell geworden sind. Hiermit ist einmal die Frage nach der Morphologie der Leuchtenden Nachtwolken, insbesondere der Wellenformationen, gemeint. Bereits die ersten Beobachtungen durch *Jesse* und seine Mitarbeiter ließen erkennen, daß die Leuchtenden Nachtwolken sich oftmals durch ausgeprägte

[29] Hierzu finden sich weitere Hinweise in: Jahresbericht 1973 des Max-Planck-Instituts, Heidelberg, S. 224 ff. (Heidelberg, o. J.).

Wellenformationen auszeichneten. Auf Grund seiner photographischen Aufnahmen gab *Jesse* an, daß der Wert für den Abstand zweier Wellenlinien untereinander etwa 9,4 km beträgt (vgl. auch: *Archenhold,* 1928). Interessant ist hierbei, daß *Jesse* hinsichtlich der Natur bzw. Mächtigkeit der Nachtwolkenschicht Variationen der Partikelkonzentration annimmt. So schreibt er beispielsweise: „... und es scheint, dass diese in der Verschiedenheit der Ansammlung der Partikelchen, aus welchen die leuchtenden Nachtwolken bestehen, zu suchen ist. Auch ist es nicht unwahrscheinlich, dass die Schicht der leuchtenden Nachtwolken in senkrechtem Sinne zu den verschiedenen Zeiten verschiedene Ausdehnung hat." (1896, S. 166). Im Zusammenhang mit Überlegungen zur Struktur der Leuchtenden Nachtwolken macht *Jesse* die folgenden Hinweise: „Es zeigt sich nämlich in der Anordnung der einzelnen Theile der Wolken gegen die Bewegungsrichtung eine besondere Eigenthümlichkeit. . . , möchte ich für jetzt nur andeuten, dass besonders bei den sehr grossen Bewegungen die Streifen in der Weise angeordnet erscheinen, dass längere einander parallele Grate in der Richtung der Bewegung liegen, während rechtwinklig dazu eine grössere Anzahl kürzerer Rippen auftreten" (1891, S. 1013). Im Rahmen seines Forschungsprogramms hat auch *Störmer* (1935) Messungen erhalten, wobei er als Wellenlänge 9 km, bei weiteren Messungen größere Streuungen der Werte zu 3 bis 9 km erhielt. Für die Leuchtende Nachtwolke vom 18. Juli 1951 fand Hoffmeister (1952) als Werte 9,3 bzw. 10,1 km. Für die Leuchtende Nachtwolke vom 12. Juli 1953 berichtete *L. Meier* (1955) von Wellenlängen zwischen 8,8 bzw. 11,7 km. Sehr ausführliche Messungen führten späterhin *Witt* (1962) sowie auch *Fogle* (*Haurwitz* und *Fogle,* 1969) durch. Auf Grund der amerikanischen Daten der Jahre 1964 und 1965 geben *Haurwitz* und *Fogle* für die Wogen[30] als charakteristische Wellenlänge 3–10 km, Amplitude 0,5–1 km sowie als Lebensdauer 6–24 Minuten; für die Banden finden sich Wellenlängen zu 10–75 km, Amplituden zu 1,5–3,0 km, während die Lebensdauer mehrere Stunden betragen kann. Es wird hervorgehoben, daß ihre Geschwindigkeiten und Verlagerungen sehr häufig gegenüber den eigentlichen Nachtwolken differieren. Die theoretischen Abschätzungen legen es nahe, beide Wellenarten wahrscheinlich als interne Schwerewellen aufzufassen. Hinsichtlich des weiteren Verständnisses betonen beide Autoren die Notwendigkeit weiterer spezieller Untersuchungen hinsichtlich der Kinematik dieser spezifischen Erscheinungsform (vgl. zum Problemkreis auch: *Hines,* 1968; *Schröder,* 1974 c).[31]

Ein weiteres, sehr interessantes Problem ist dadurch gekennzeichnet, daß

[30] Diese vorwiegend deskriptiven Erfassungen von Einzelformen bei Leuchtenden Nachtwolken geht zurück auf die Untersuchungen von *N. I. Grišin,* der bereits 1955 in „Meteorol. i. Gidrol." eine entsprechende äußerliche Kennzeichnung veröffentlichte.

[31] Neuerdings machen *Reiter* und *Haurwitz* (Arch. Met. Geoph. Biokl., **A 23** (1974) darauf aufmerksam, daß die Wellenformationen „höchstwahrscheinlich i n s i t u erzeugt werden". (S. 101–114).

beim gleichzeitigen Auftreten von Leuchtenden Nachtwolken und Polarlichtern im Nachtwolkenfeld Veränderungen festgestellt wurden. Solche Fälle des simultanen Auftretens beider Erscheinungen wurden u. a. von *Paton*, *Witt*, *Fogle*, *Villmann* und *Schröder* berichtet. Beispielsweise gelang *Paton* eine solche Beobachtung in der Nacht vom 24.–25. Juli 1950; hierzu bemerkte *Paton* sowohl die morphologische Veränderung bei den Leuchtenden Nachtwolken als auch einen Farbenwechsel vom lebhaften Blau bis Weiß in den Flächen der Leuchtenden Nachtwolken. Wenngleich *Paton* die mögliche subjektive Fehleinschätzung des Beobachters berücksichtigt, so glaubt er dennoch, daß hier auch durchaus dynamische Prozesse eine Rolle gespielt haben können. *Fogle*, der dieses Problem wieder aufgriff und mehrere Fälle verglich, weist auch auf diese Veränderungen beim simultanen Auftreten der beiden Erscheinungen hin. Wenngleich *Martynkevič* (1971) die Möglichkeit einer Ausbildung der Leuchtenden Nachtwolken auf Grund der aufgefundenen Cluster deutet, die insbesondere hauptsächlich von H_2O-Molekülen extraterrestrischen Ursprungs herrühren sollen, wodurch im Ergebnis auch die charakteristischen Analogien von Leuchtenden Nachtwolken und Polarlicht gedeutet werden können, so muß doch auch zu diesem Problemkreis bemerkt werden, daß eine abschließende Deutung der Beobachtungen noch aussteht. Bei aller Diskussion etwaiger extraterrestrischer Kausalität, wird beachtet werden müssen, daß auch andere Deutungsmöglichkeiten, wie sie aus der Dynamik der Mesosphäre folgen, denkbar sind.

Versucht man eine vorläufige Bilanz der bisherigen Ergebnisse über die Leuchtenden Nachtwolken zu geben, so zeigt sich, wie es bereits *Jesse* prognostiziert hat, daß ein Fortschritt im Verständnis der Leuchtenden Nachtwolken abhängig ist vom jeweiligen Wissensstand über die Physik und Chemie der Hochatmosphäre. So wurden beispielsweise auf dem Nachtwolken-Symposium anläßlich der Generalversammlung der „Internationalen Union für Geodäsie und Geophysik" im Jahre 1971 Vorträge gehalten zu den Spezialthemen: Morphologie, raum-zeitliches Verhalten und Kinematik der Leuchtenden Nachtwolken; mögliche Beziehungen der Nachtwolken zu anderen geophysikalischen Ereignissen (wie z. B. Vulkaneruptionen, Verhalten der E_s-Schicht usw.), Berücksichtigung von Messungen mit optischen Radargeräten (Laser-Scheinwerfern), der photochemischen Modelle, Überlegungen zur Natur der Partikeln sowie mögliche langzeitliche Fluktuationen in der Häufigkeit des Auftretens der Leuchtenden Nachtwolken. Es kann keinem Zweifel unterliegen, daß diese sowie alle weiteren Spezialuntersuchungen in der Vergangenheit eine Fülle neuer Erkenntnisse über die Leuchtenden Nachtwolken sowie verwandte Probleme vermittelt haben; indessen kann eine selbstkritische Überprüfung nicht übersehen, daß ein wirkliches Verständnis der Erscheinung der Leuchtenden Nachtwolken nicht erreicht ist.

Der oftmals in Veröffentlichungen der letzten Jahre gefundene Optimismus, wonach das Problem der Leuchtenden Nachtwolken gelöst sei, kann bei kritischer Sichtung der Tatsachen nicht geteilt werden. Es bedarf weiterer kontinuierlicher und koordinierter Untersuchungen; eine wirklich umfassende Deutung des Phänomens der Leuchtenden Nachtwolken wird mit zunehmender Beobachtungsfülle sowie einhergehender Erweiterung des Wissens über die Hochatmosphäre näherrücken.

4.4. Ausblick

Die letzten Jahre, insbesondere seit den „Internationalen Jahren der ruhigen Sonne, IQSY“ (1964–1965) haben der Erforschung der Hochatmosphäre wichtige Impulse gegeben. An dieser Entwicklung mit ihren vielfältigen neueren Forschungsergebnissen hat auch die Arbeit über die Leuchtenden Nachtwolken partizipiert. Indessen gelang es auch ansatzweise, mit Hilfe der systematischen Beobachtungen der Leuchtenden Nachtwolken weitere Hinweise auf die großräumige mesosphärische Zirkulation zu erlangen.

Wenngleich die bedeutenden Erfolge der Physik der Hochatmosphäre weitere, recht interessante Aspekte dieses Forschungsgegenstandes erbracht haben, so konnten sie jedoch nicht zu einer Erklärung des Phänomens der Leuchtenden Nachtwolken führen. Es sind zu viele offene Fragen, als daß die Arbeit der letzten Jahre zu einer widerspruchsfreien Theorie über die Leuchtenden Nachtwolken hätte führen können. Die Mängel, die diesen unbefriedigenden Zustand begünstigen, sind einmal in dem letztlich unzureichenden Beobachtungsmaterial zu suchen; zwar sind mehr als tausend Einzelbeobachtungen bekanntgeworden, indessen handelt es sich erst in dem letzten Dezennium um ein einigermaßen ausgewogenes Beobachtungsmaterial. Zu beachten ist auch, daß in weiten Teilen der Erde überhaupt keine Untersuchungen hinsichtlich des möglichen Auftretens der Leuchtenden Nachtwolken ausgeführt wurden. Die Ergebnisse zur Kinematik und Dynamik der Leuchtenden Nachtwolken liegen auch erst in spärlichem Umfang vor. Es folgt deshalb allein aus dem Beobachtungsbefund, daß keine hinreichenden und umfassenden Untersuchungen vorliegen. Abgesehen von diesem Befund, zeigt sich, daß die bisherigen Erkenntnisse zur Physik und Chemie der Hochatmosphäre, über die Rolle des kosmischen Staubes usw. noch nicht in dem Maße gediehen sind, daß eine hinreichende Einordnung und damit Erklärung der Leuchtenden Nachtwolken möglich ist. Eine Erklärung der Leuchtenden Nachtwolken, die nur als besondere Manifestation entsprechender Vorgänge im mesosphärischen Geschehen aufzufassen sind, wird dann zu erwarten sein, wenn einmal die Beobachtungsbefunde wesentlich umfassender geworden sind, sowie wenn die Erkenntnisse zur Physik und Chemie der Hochatmosphäre, damit also auch der spezifischen Vorgänge im Mesopausenbereich, weitergehende Einblicke in das atmosphärische Geschehen erlauben.

Es bedarf noch umfassender Arbeit, bis für die Leuchtenden Nachtwolken gilt, was *Ertel* hinsichtlich des atmosphärischen Geschehens einmal allgemein so ausdrückte:

„Eine atmosphärische Erscheinung gilt demzufolge als erklärt, wenn es gelungen ist, sie aus den bewährten Sätzen der Physik deduktiv abzuleiten.“

Beobachtungsergebnisse

Beobachtungszeit	April (Mai) – August (Nordhemisphäre)
Beobachtungszone	50–70^0 (N/S)
Höhe	82,7 km
Dauer	von einigen Minuten bis zu mehreren Stunden
Geschwindigkeit	etwa 40 m/s in Richtung SW
Dicke	0,5 bis 2 km
Wellenlängen	5–100 km
Partikelgröße	$\approx 0{,}3\mu$.

Bei diesen Angaben handelt es sich um Durchschnittswerte; es können sich also hiervon durchaus Abweichungen im Beobachtungsbefund ergeben.

LITERATUR

Archenhold, F. S., Die Photographie oder Bildmeßkunst. Himmel und Erde **1** (1889) 546–550.

–, Die Verwendung der Photographie bei der Erforschung der leuchtenden Nachtwolken, Sternschnuppen und Nebelflecken. Photogr. Mitt. **31** (1894) 3–6.

–, Otto Jesse, Weltall **1** (1901) 157–159.

–, Die leuchtenden Nachtwolken und bisher unveröffentlichte Messungen ihrer Geschwindigkeit. Weltall **27** (1928) 137, 144.

Arnold, S., W. Berthold, B. Belz, P. Lämmerzahl und *J. Zähringer*, Massenspektrometrische Messungen von positiven Ionen und Neutralgas zwischen 100 und 223 km Höhe über Andoya/Norwegen. Vortrag. AG „Extraterrestrische Physik" 1968.

–, *J. Kissel, D. Krankowsky, H. Wieder, J. Zähringer*, Negative Ionen in der Ionosphäre. Vortrag AG „Extraterrestrische Physik", 1971.

–, und *D. Krankowsky*, Die Element- und Isotopenhäufigkeit von Metallionen in der unteren E-Schicht. Vortrag AG „Extraterristische Physik" 1972.

Astapovič, I. S., Svodka nabljudenijaserebristych oblakov v Rossii i v SSSR s 1885 po 1944 g. Trudy VI sov. serebristym oblakam, S. 49–92, Riga 1961.

Attmannspacher, W., Zur Umstellung der großräumigen Zirkulation in der Stratosphäre. Geof. pura e appl. **49**, 178–1960 (1961/II).

Baschin, O., Die ersten Nordlichtphotographien, aufgenommen in Bossekop (Lappland). Meteorol. Z. **17** (1900) 278–280.

Båth, M., Einige Beobachtungen von leuchtenden Nachtwolken. Z. angew. Meteorol. (Das Wetter) **58** (1941) 294–295.

–, Pers. Mitt. 1971/1974.

Bell, B., Frühjahrsstellung der stratosphärischen Zirkulation über Budapest. Idöjárás **69** (1965) 198–212.

Bellew, W., und *S. Silverman*, General behavior of 6300 Å (OI) at Sacramento Peak, New Mexico. Planet. Space Sci. **14** (1966) 407–416.

Benech, B., und *J. Dessens*, Mit-latitude artificial noctilucent clouds initiated by high-altitude rockets. J. Geophys. Res. **79** (1974) 1299–1301.

Betz, B., und *D. Krankowsky*, Massenspektrometrische Messung der Ionen-Zusammensetzung in der polaren E- und F-Schicht über Andoya, Norwegen. Vortrag AG „Extraterrestrische Physik" 1971.

Borbely, E., A meteorológiai elemek mezöink tavaszi és öszi átvalt ódasá a stratosférában. Idöjárás **76** (1972) 351–363.

Bronšten, V. A., K istorii otkrytija i pervych issledovanija serebristych oblakov, in: Fizika mezosfernych (serebristych) oblakov. Riga 1970, S. 143–152.

—, und *N. I. Grišin*, Serebristye oblaka. Moskva 1970, 359 S.

Byrne, F. D., Noctilucent clouds and aurora. Meteorol. Mag. **93** (1964) 121–122.

Chapman, S., and *P. C. Kendall*, Noctilucent clouds and thermospheric dust: their diffusion and height distribution. Q. J. Meteorol. Soc. **91** (1965) 115–131.

Christie, A. D., The genesis and distribution of noctilucent. J. atmos. Sci. **26** (1969) 168–176.

—, A condensation model of noctilucent cloud formation. Space Res. **IX** (1969) 175 bis 182.

Chvostikov, I. A., Serebristye oblaka. Priroda **41** (1952) 49–59.

—, On the nature of luminous night clouds. Ann. IGY **11** (1961) 15–18.

— und *T. G. Megrelišvili*, Atomarnyi vodorod kislorod y molekuly H_2O v vysokich slojach atmosfery i nekotorye problemy geofiziki i fiziki okozemnogo prostransta, in: Fizika mezosfernych (serebristych) oblakov. Riga 1970, S. 9–24.

Currie, B. W., Widespread occurrence of noctilucent clouds over Canada, June 26 to July 6, 1963. Canad. J. Phys. **41** (1963) 1745–1746.

Deirmendjian, D., On volcanic and other particulate turbidity anomalies. In: Adv. in Geophys., 1973, S. 267–296.

— und *E. H. Vestine*, Some remarks on the nature and origin of noctilucent cloud particles. Planet. Space Sci. **1** (1959) 146–153.

Dütsch, H. U., Das atmosphärische Ozon als Indikator für Strömungen in der Stratosphäre. I: Die photochemischen Grundlagen. Arch. Meteorol., Geophys. u. Bioklim. **A 9** (1956) 87–119.

Ebel, A., Jahreszeitliche Änderung der großräumigen Zirkulation im Bereich der Mesopause und unteren Thermosphäre. Ann. Meteorol. NF **6** (1973) 229–231.

—, Dynamic processes as derived from the mean circulation in the upper atmosphere and lower thermosphere. Vortrag XVI. COSPAR-Tagung, Konstanz 1973.

—, Heat and momentum source of mean circulation at an altitude of 70 to 100 km. Tellus, 1974 (im Druck).

Ertel, H.: Methoden und Probleme der dynamischen Meteorologie. Berlin: Springer-Verlag 1938.

—, Entwicklungsphasen der Geophysik. Schriften u. Vorträge DAdW, Heft 52, Berlin 1953.

Faust, H., Der Aufbau der Erdatmosphäre. Braunschweig 1968, 307 S.

—, Interaction between the different layers of the homosphere. Arch. Meteorol., Geophys. u. Bioklim. **A 16** (1967) 12–30.

—, Planetarische Heizflächen und Zirkulationssysteme. Meteorol. Rdsch. **16** (1963) 5.

Farlow, N. H., G. V. Ferry amd *M. B. Blanchard*, Examination of surfaces exposed to a noctilucent cloud, August 1, 1968. J. geophys. Res. **75** (1970) 6736–6750.

Fechtig, H., M. Feuerstein, U. Gerloff und *H. J. Weihrauch*, Experimente zur Sammlung von kosmischem Staub mit Raketen. Vortrag AG „Extraterrestrische Physik“ 1969.

—, und *P. Rauser*, Kombinerte Nachweis- und Sammelexperimente für kosmische Staubteilchen. Vortrag AG „Extraterrestrische Physik“ 1970.

—, und *M. Feuerstein*, Particle collection results from a rocket flight on August 1, 1968. J. Geophys. Res. **75** (1970) 6751–6757.

—, und *P. Rauser*, Ein kombiniertes Sammel- und Nachweisexperiment für Staubpartikel in leuchtenden Nachtwolken über Kiruna/Schweden. Vortrag AG „Extraterrestrische Physik“ 1971.

—, Cosmic dust in the atmosphere and in the interplanetary space at 1 AU today and in the early solar system. Vortrag IAU-Kolloquium No. 13 (Juni 1971)/MPI H-1971-V18.

—, Staubmessungen in leuchtenden Nachtwolken. Umschau **72** (1972) 61–62.

Findeisen, W., Experimentelle Untersuchungen über die atmosphärische Eisteilchenbildung (Vorläufige Mitteilung). Met. Z. **59** (1942) 349–353.

Ferguson, E. E., D-Ion region ion chemistry. Rev. Geophy. and Space Phys., **9**, (1971) 997–1008.

Fiocco, G., and *G. Grams*, Observations of the upper atmosphere by optical radar in Alaska and Sweden during the summer 1964. Tellus **18** (1966) 34–38.

—, Optical radar observations of mesospheric aerosols in Norway during the Summer 1966. J. geophys. Res. **74** (1969) 2453–2458.

—, —, On the origin of noctilucent clouds: Extraterrestrial dust and trapped water molecules. J. atm. terr. Phys. **33** (1971) 815–824.

Foerster, W., Über die Ziele der Popularisierung der Naturwissenschaften im Hinblick auf die Zeitschrift „Himmel und Erde." Himmel u. Erde **1** (1889) 18–30.

—, Jahresbericht der Berliner Sternwarte für das Jahr 1889, in: Vjschr. astron. Ges. **25** (1890) 102.

—, Jahresbericht der Berliner Sternwarte für das Jahr 1890, in: Vjschr. astron. Ges. **26** (1891) 88–89.

—, Jahresbericht der Berliner Sternwarte für das Jahr 1893, in: Vjschr. astron. Ges. **29** (1894) 101.

—, Jahresbericht der Berliner Sternwarte für das Jahr 1894, in: Vjschr. astron. Ges. **30** (1895) 143–144.

—, Beobachtungen der leuchtenden Nachtwolken. Mitt. Vereinig. Freunde d. Astronomie und kosm. Physik **2** (1892) 80.

—, Die leuchtenden Nachtwolken. Mitt. Vereinig. Freunde d. Astronomie und kosm. Physik **10** (1900) 66.

—, Mitteilung, betreffend das Erscheinen der sogenannten leuchtenden Wolken. Mitt. Vereinig. Freunde d. Astronomie und kosm. Physik **18** (1908) 62–64.

—, Todes-Anzeige (Otto Jesse). Astron. Nachr. Sp. 239–240 (1901).

Foerster, W., Von der Erdatmosphäre zum Himmelsraum. Berlin und Leipzig 1906; 115 S.

—, Lebenserinnerungen und Lebenshoffnungen. Berlin 1911; 351 S.

—, Zur Frage des widerstehenden Mittels. Meteorol. Z. **28** (1911) 332–333.

Fogle, B., Noctilucent clouds over Punta Arenas, Chile. Nature **207** (1965) 66.

—, and *M. H. Rees*, Spectral measurements of noctilucent clouds. J. geophys. Res. **77** (1972) 720–725.

Fukushima, N., Vorlage auf der Generalversammlung der IAGA, Kyoto 1973.

Frank, R. F., J. P. Lodge, J. P. Shedlovsky and *B. Fogle*, Particle collected during a noctilucent cloud display. J. geophys. Res., **75** (1970) 6853–6856.

Glöde, P., Ergebnisse der Radarmeteorbeobachtungen des Quadrantidenstroms. Kleinheub. Ber. **11** (1966) 157.

Grasnick, K.-H., Einige Kopplungserscheinungen zwischen der oberen Stratosphäre und der Mesosphäre während stratosphärischer Erwärmungen. Z. Meteorol. **21** (1969) 154–157.

Grjebine, T., Abundance of cosmic dust, in: Mantles of the earth and terrestrial planets, ed. by S. K. Runcorn, London/New York/Sydney 1967; S. 63.

Groves, G. V., Comparisons of new results with CIRA 1965 with emphasis on the IQSY data – a review for the region 40 to 100 km. Space. Res. **VIII** (1968) 741 bis 760.
Guthnick, P., Wilhelm Foerster. Vjschr. Astron. Ges. **58** (1923) 5–13.
Hamburger, F. A., Das Sehen in der Dämmerung. (Physiologie und Klinik). Wien 1949; 185 S.
Harrison, A. W., Spectrophotometric measurements of noctilucent clouds. Canad. J. Phys. **51** (1973) 373–377.
Hartmann, W., Über leuchtende Nachtwolken in Deutschland im Juli 1932. Meteorol. Z. **50** (1933) 272–273.
Hartwig, E., Beobachtungen der leuchtenden (silbernen) Nachtwolken zu Dorpat und Bamberg. Ber. Naturforsch. Ges. Bamberg **16** (1893).
Haurwitz, B., Zur Theorie der Wellenbewegungen in Luft und Wasser. Leipzig 1931; 106 S.
–, Comments on wave forms in noctilucent clouds. UAG R-160 (1964).
–, und *B. Fogle*, Wave forms in noctilucent clouds. Deep-sea, Suppl. **16** (1969) 85 bis 95.
Helmholtz, R. v., Silberne Wolken. Meteorol. Z. **4** (1887) 335.
Hemenway, C. L., R. K. Soberman und *G. Witt*, Tellus **16** (1964) 84–117.
Hesstvedt, E., Note on the nature of noctilucent clouds. J. geophys. Res. **66** (1961) 1985–1987.
–, Nucleation and growth of noctilucent clouds particles. Space Res. **XI** (1969) 170 bis 174.
–, On the moisture content near the mesopause and its relation to the formation of noctilucent clouds. Vortrag IAMAP-Tagung (Luzern 1967).
Hines, C. O., A possible source of waves in noctilucent clouds. J. atmosph. Sci., **25** (1968) 937–942.
Hoffmeister, C., Eine bisher unbekannte kosmische Einwirkung in den oberen Luftschichten. Naturwiss. **27** (1934) 458–460.
–, Spezifische Leuchtvorgänge im Bereich der mittleren Ionosphäre. Erg. exakt. Naturwiss. **24** (1951) 1–53.
–, Über die Leuchtenden Nachtwolken. Sterne **28** (1952) 7–14.
–, Interplanetare Materie und verstärktes Nachthimmelleuchten. Z. Astrophys. **49** (1960) 233–242.
Humboldt, A. v., Kosmos, Entwurf einer physischen Weltbeschreibung. Band 3. Stuttgart und Tübingen 1850; 644 S.
Hughes, D. W., Cosmic dust influx to the upper atmosphere during the major meteor showers. Vortrag COSPAR-Tagung (Konstanz, 1973).
–, Cosmic dust influx to the earth. Vortrag COSPAR-Tagung (São Paulo, 1974).
Jardetzky, W., Über die leuchtenden Wolken. Meteorol. Z., **43** (1926) 310–312.
Jesse, O., Über den täglichen Gang der Temperatur zu Hamburg an heiteren Tagen. Z. Österr. Ges. Meteorol. **16** (1881) 95.
–, Über einige Methoden zur Bestimmung der Höhe von Wolken. Z. Österr. Ges. Meteorol. **17** (1882) 181.
–, Über die von Herrn Dr. Vettin angestellten Höhenmessungen der Wolken. Z. Österr. Ges. Meteorol. **17** (1882) 430–431.
–, Die Höhe und die Lage des Nordlichtbogens vom 2. October 1882. Z. Österr. Ges. Meteorol. **18** (1883) 238.

—, Über die Bestimmung der Höhe und Lage der Polarlichter. Z. Österr. Ges. Meteor. **19** (1884) 405. (a)

—, Die merkwürdigen Dämmerungserscheinungen des Herbstes und Winters 1883/84. Z. Österr. Ges. Meteorol. **19** (1884) 313. (b)

—, Die Höhe der Dunstschicht, durch welche die merkwürdigen Dämmerungs-Erscheinungen der letzten Monate hervorgerufen worden sind. Meteorol. Z. **1** (1884) 127–137. (c)

—, Auffallende Abenderscheinungen am Himmel. Meteorol.Z. **2** (1885) 311 bis 312.

—, Die auffallenden Abenderscheinungen am Himmel im Juni und Juli 1885. Meteorol. Z. **3** (1886) 8–18 u. 64–71.

—, Die Beobachtung der leuchtenden Wolken. Meteorol. Z. **4** (1887) 179–181. (a)

—, Die Höhe der leuchtenden (silbernen) Wolken. Meteorol. Z. **4** (1887) 424. (b)

—, Über die leuchtenden (silbernen) Wolken. Meteorol. Z. **5** (1888) 90–94.

—, Die leuchtenden Nachtwolken (Bitte um Beobachtung derselben). Ann. Hydrographie u. marit. Meteorol. **17** (1889) 220. (a)

—, Die leuchtenden Nachtwolken. Himmel u. Erde **1** (1889) 263–286. (b)

—, Von den leuchtenden Nachtwolken (Anfang März 1889). Himmel u. Erde **1** (1889) 428–429. (c)

—, Anweisungen für die photographischen Aufnahmen der leuchtenden Nachtwolken. Sonderdruck d. Vereinig. Freunde d. Astron. u. kosm. Physik, Berlin 1890.

—, Untersuchungen über die sogenannten leuchtenden Nachtwolken. Sitz.-Ber. preuß, Akad. Wiss.; phys.-math. Kl. (1890) 1031–1044.

—, Die Höhe der leuchtenden Nachtwolken. Astron. Nachr. **140** (1896) 161–168.

—, und *W. Foerster*, Aufforderung zur Beobachtung der leuchtenden Nachtwolken. Astron. Nachr. **130** (1892) 426–430.

—, —, *F. S. Archenhold*, Ratschläge für die Beteiligung an der Erforschung der sogenannten leuchtenden Wolken. Mitt. Vereinig. Freunde d. Astron. u. kosm. Physik **1** (1891) 4.

Joseph, J. H., Detection of noctilucent clouds in the twilight layer from satellites. J. Geophys. Res. **72** (1967) 4020–4025.

Kaiser, T. R., and *M. J. Seaton*, Interplanetary dust and physical processes in the earth's upper atmosphere. Mém. Soc. Royal Sci. Liège, ser. **4** (1955) 48–54.

Kellogg, W. W., Chemical heating above the polar mesopause in winter. J. Meteorol. **18** (1961) 373–381.

Khvostikov, I. A., Noctilucent clouds and some problems of mesospheric physics. Space Res, **X** (1970) 326–336.

Kießling, J., Die Dämmerungserscheinungen im Jahre 1883 und ihre physikalische Erklärung. Hamburg/Leipzig 1885.

—, Untersuchungen über Dämmerungserscheinungen zur Erklärung der nach dem Krakatau-Ausbruch beobachteten atmosphärisch-optischen Störung. Hamburg/Leipzig 1888.

Köhler, H., Über die Tröpfchengrößen der Wolken und die Kondensation. Meteorol. Z. **38** (1921) 359–365.

—, Pers. Mitt. (1971/74).

Kohl, G., Depolarisation des Zenitdämmerungslichts, leuchtende Nachtwolken und hohes Ozon. Gerlands Beitr. Geophys. **76** (1967) 353–365.

—, Der qualitative Nachweis von Schichten kosmischer Staubpartikeln in der unteren

Thermosphäre mit Hilfe der dämmerungsoptischen Methode. Bull. Abastum, Astrophys. Obs. **41** (1972) 27–48.

Kosibowa, S., Historia badan oblokow mezosfercznych. Przeglad Geofiz. **16** (1972) 341–45.

Krankowsky, D., und *A. Johannessen*, Massenspektrometrische Messung von Wasserclusterionen in der Sommermesopause über Andoya. Vortrag AG „Extraterrestrische Physik" (1972).

–, *F. Arnold* und *K. H. Marien*, Massenspektrometrische Messungen schwerer Cluster-Ionen in der arktischen Mesosphäre. Vortrag AG „Extraterrestrische Physik" (1973).

–, und *F. Arnold*, Neue Aspekte bei der massenspektrometrischen Messung atmosphärischer Clusterionen. Vortrag AG „Extraterrestrische Physik" (1974).

Lauter, E. A., Ein Beitrag zum Nachweis der Auswirkungen des Sonnenfleckenzyklus in der tiefen Ionosphäre. Gerlands Beitr. Geophys. **71** (1962) 58–61.

–, Jahreszeitliche Variationen im Plasma der Mesosphärenregion, in Wiss. Tagung Geophys. Inst. BAW, 1964, S. 99–110.

–, und *K. Sprenger*, Erscheinungen in der D-Region im Zusammenhang mit Strukturänderungen des Neutralgases der Strato- und Mesosphäre. Kleinheub. Ber. **12** (1967) 297–307.

Link, F., An optical model for the detection of cosmic dust in the upper atmosphere. Space Res. **IX** (1969) 198–200.

–, Manifestations optiques des poussières cosmiques dans la haute atmosphère. Vortrag COSPAR-Tagung (Konstanz 1973).

Maeda, K., und *G. Ishikawa*, The polar upper atmosphere and aurora. GSFC X-641-68-198 (Mai 1968).

Martin, H., Die Tunguska-Katastrophe in geophysikalischer Sicht. Sterne **42** (1966) 45 bis 51.

Martynkevič, G. M., O prirode mezosfernych oblakov. Meteor. i. Gid. Nr. 12, 44–52 (1971).

McDonnell, J. A. M., Review of in-situ measurements of cosmic dust particles in space. Vortrag COSPAR-Tagung (Leningrad 1970).

Meier, L., Bearbeitung einer Erscheinung von leuchtenden Nachtwolken am 12. Juli 1953. Sterne **31** (1955) 230–234.

Millman, P. M., Visual and photographic observations of meteors and noctilucent clouds. J. Geophys. Res. **64** (1959) 2122–2128.

Murgatroyd, R. J., Winds and temperatures between 20 and 100 km – a review. Q. J. R. M. Soc. **83** (1957) 417–458.

–, Meteor showers and interplanetary dust. Vortrag XII. COSPAR-Tagung, Prag 1969.

Nestorov, G., Lower ionosphere at medium latitudes during geomagnetic disturbances. Bull. Geophys. Inst. BAW **18** (1972) 19.

Nicolet, M., and *G. Brasseur*, Chemospheric processes of nitric oxide in the mesosphere and stratosphere. Planet. Space Sci. **21** (1973) 939–961.

Paton, J., Direct evidence of vertical motion in the atmosphere at a height of about 80 km provided by photographs of noctilucent clouds. Proc. Toronto Meteorol. Conf. 1953, S. 31–33 (1954).

–, Noctilucent clouds. Meteorol. Mag. **93** (1964) 161–179.

Pernter, J. M., Der Krakatau-Ausbruch und seine Folge-Erscheinungen (4. Die optischen Erscheinungen). Meteorol. Z. **6** (1889) 447–466.

Peters, C. F. W., Joh. Müllers Lehrbuch der kosmischen Physik. 5. Aufl. Braunschweig 1894; 907 S.

Pollermann, B., Massenspektrometrische Messungen positiver Ionen in der unteren Ionosphäre bei Anwesenheit Leuchtender Nachtwolken. Diss. Heidelberg 1972.

Rauser, P., and *H. Fechtig*, Combined dust collection and detection experiment during a noctilucent cloud display above Kiruna, Sweden. Space Res. **XII** (1972) 391 bis 402.

Rössler, F., und *H. Gulitz*, Lichtmessungen in der Mesosphäre. 2. Teil. ISL-Berichte 34/1972.

–, Optical measurements on noctilucent clouds by rockets. Vortrag XVI. COSPAR-Tagung, Konstanz 1973.

Rose, G., und *H. U. Widdel*, Zur Möglichkeit des direkten Nachweises vertikaler Luftbewegungen im Höhenbereich 75–80 km. Z. Geophys. **35** (1969) 211–212.

Scherhag, R., Über die Luftdruck-, Temperatur- und Windschwankungen in der Stratosphäre. Abh. Akad. Wiss. u. Lit. Mainz, math.-naturwiss. Kl. **15** (1969) 1439–1528.

–, Langperiodische Schwankungen der Stratosphärenzirkulation. Beitr. Phys. Atmosph. **35** (1962) 245–251.

–, Neue Aspekte der stratosphärischen Zirkulation – Die Entwicklung der stratosphärischen Synoptik – La Ric. sci., **8** (1965) 3–35.

–, Pers. Mitt. (1969).

Schmitz, G., Zur Ausbreitung planetarer Wellen in einem statistischen Windfeld. Z. Meteorol. **23** (1972) 154–164.

Schröder, W., Simultanes Auftreten von Polarlichtern und Leuchtenden Nachtwolken. Gerlands Beitr. Geophys. **74** (1965) 471–473.

–, Zur weiträumigen Häufigkeit der Leuchtenden Nachtwolken. Z. Meteorol. **19** (1967) 109–111.

–, Mesosphärische Zirkulation und Leuchtende Nachtwolken. Meteorol. Rdsch. **21** (1968) 54–56.

–, On noctilucent clouds. Ann. Géophys. **27** (1971) 57–59.

–, Untersuchungen zur Tunguska-Katastrophe und den hochatmosphärischen Erhellungen vom 30. Juni 1908. Z. Geophys. **38** (1972) 179–182.

–, Anregung zum Quellenstudium der Entwicklung von Meteorologie und Geophysik. Wetter u. Leben **26** (1974) 42–47. (a)

–, Hermann Fritz und sein Wirken für die Polarlichtforschung, in: Zur Geschichte der Geophysik (Hrsg. v. *H. Birett, K. Helbig, W. Kertz* und *U. Schmucker*), Berlin/New York, 1974, 149–154. (b)

–, Über die Leuchtenden Nachtwolken. Meteorol. Rdsch. **27** (1974) 61–64. (c)

Schwentek, H., Ähnlichkeiten im jahreszeitlichen Verhalten der Stratosphäre und der D- und E-Schicht der Ionosphäre. Z. Geophys. **34** (1968) 123–146.

–, Der Verlauf der mittäglichen Dämpfungskennwerte der Ionosphäre von 1956 bis 1963. AEÜ **18** (1964) 309–315.

Scott, A. F. D., Mesospheric temperatures and winds during a stratospheric warming. Phil. Trans. R. Soc. London A**271** (1972) 547–557.

–, Mesospheric temperatures during stratospheric warmings. Vortrag COSPAR-Tagung (Konstanz, 1973).

Scultetus, H. R., Beobachtungen leuchtender Nachtwolken im Sommer 1933. Z. angew. Meteorol. **51** (1934) 264–266.

Shafrir, U., u. *M. Humi*, Interplanetary particles and noctilucent clouds. J. atmosph. Sci. **24**, (1967) 577—588.
Shimazaki, T., and *A. R. Laird*, Seasonal effects on distribution of minor neutral constituents in the mesosphere and lower thermosphere. Radio Sci. 7 (1972) 23—43.
Silverman, S. M., Night airglow phenomenology. Space Sci. Rev. **11** (1970) 341—379.
Soberman, R. K., Extraterrestrial origin of noctilucent clouds. Vortrag COSPAR-Tagung (Tokio 1968).
Stentzel, A., Leuchtende und selbstleuchtende Nachtwolken. Meteorol. Z. **17** (1900) 448—457.
—, Die Dämmerungsanomalien im Sommer 1908. Meteorol. Z. **26** (1909) 437—446.
Störmer, C., Aus den Tiefen des Weltraums bis ins Innere der Atome. Leipzig 1925; 195 S.
Störmer, C., Height and velocity of luminous night clouds observed in Norway, 1932. Oslo Univ. Publ. **6** (1933) 1—45.
—, Measurements of luminous night clouds in Norway, 1933 and 1934. Astrophys. Norv. **1** (1935) 87—114.
Süring, R., Die leuchtenden Nachtwolken. Naturwiss. **23** (1935) 555—557.
Symposium on noctilucent clouds. IAMAP/IAGA; 15. IUGG-Generalversammlung, Moskau 1971, 42 S.
Theon, J. S., *W. Nordberg* and *W. S. Smith*, Temperature measurements in noctilucent clouds. Science **157** (1967) 419—421.
—, *W. S. Smith* and *W. E. McGovern*, Wind measurements in noctilucent clouds. Science **164** (1969) 715—716.
—, —, Seasonal transitions in the thermal structure of the mesosphere at high latitudes. J. atmosph. Sci. **27** (1970) 173—176.
—, —, und *J. F. Casey*, Statistical models of the density and wind profiles in the mesosphere based on 208 soundings. Proc. 4. Conf. Aerospace Meteorol., Las Vegas 1970; S. 306—311.
Treder, H.-J., Geophysik und Kosmologie. Gerlands Beitr. Geophys. **78** (1969) 1—26.
—, Die Relativität der Trägheit. Berlin 1972; 119 S.
Trudy soveščanija po serebristym oblakam, Tartu, 12—14. dekarja 1958 g. Tartu 1959; 129 S.
—, VI soveščanija po serebristym oblakam, Riga, 22—24 oktjabra 1959 g. Riga 1961, 199 S.
—, Soveščanija po serebristym oblakam, III, Tallin, 16—19 maja, 1961 g. Tallin 1962, 188 S.
—, Naucnogo sovestanija po mezosfernym oblakam, Riga, 20—23 nojabrja 1968 g, Riga 1970, 184 S.
Vasil'ev, N. V. und *N. P. Fast*, Anomal'nye opticeskie javleija svjanzannye s pa̅deniem tungosskogo meteorita. Gerlands Beitr. Geophys. **81** (1972) 433—438.
Vasilyev, O. B., Astrofisičeskie issledovanija serebristych oblakov. Inform. soobs. (Moskva) Nr. **4** (1967) 1—86.
Villmann, C. I., (Hrsg.), Nabludenija serebristych oblakov. Moskva 1967.
Webb, W. L., Morphology of noctilucent clouds. J. Geophys. Res. **70** (1965) 4463—4475.
Wegener, A., Die Erforschung der obersten Atmosphärenschichten. Gerlands Beitr. Geophys. **11** (1912) 102—124.
—, Die Temperatur der obersten Atmosphärenschichten. Meteorol. Z. **42** (1925) 402 bis 405.

Wegener, A., Meteorol. Z. **28** (1911) 420.

—, und *K. Wegener*, Vorlesungen über Physik der Atmosphäre. Leipzig 1935; 482 S.

Wiechert, E., Der Äther im Weltbild der Physik (Eine Begründung der Notwendigkeit der Äthervorstellung für die Physik mit besonderer Berücksichtigung des Gedankenkreises der Relativitätstheorie). Berlin 1921; 44 S.

Witt, G., Height structure and displacements of noctilucent clouds. Tellus **14** (1962) 1–18.

—, The natur of noctilucent clouds. Space Res. **IX** (1969) 157–169.

—, *J. Martin-Löf* and *N. Wilhelm*, *High* latitude summer mesospheric temperatures and winds with particular regard to noctilucent clouds. Space Res. **V** (1965) 820 bis 821.

Wörner, H., Beobachtung leuchtender Nachtwolken. Meteorol. Z. **52** (1935) 379.

—, Leuchtende Nachtwolken und Störungen der Himmelspolarisation. Z. Meteorol. **8** (1954) 183–184.

FSC
www.fsc.org
MIX
Papier | Fördert gute Waldnutzung
FSC® C083411

Zeitfracht Medien GmbH
Ferdinand-Jühlke-Straße 7
99095 Erfurt, Deutschland
produktsicherheit@kolibri360.de